Stefan Kästner

Mathematische Grundlagen für Wirtschaftswissenschaftliche Studiengänge

Zahlensysteme - Algebra - Finanzmathematik

GRIN Verlag

Bibliografische Information der Deutschen Nationalbibliothek:

Die Deutsche Bibliothek verzeichnet diese Publikation in der Deutschen Nationalbibliografie; detaillierte bibliografische Daten sind im Internet über http://dnb.d-nb.de/ abrufbar.

Impressum:

Druck und Bindung: Books on Demand GmbH, Norderstedt Germany
ISBN: 978-3-656-23106-6

Dieses Buch bei GRIN:

http://www.grin.com/de/e-book/196845/mathematische-grundlagen-fuer-wirtschaftswissenschaftliche-studiengaenge

Grundlagen der Mathematik
für Wirtschaftswissenschaftliche Studiengänge
mit Übungen

von

Dipl. Log.me., LB Stefan Kästner
Dozent für Mathematik

Inhaltsverzeichnis

Danksagung

Bedanken möchte ich mich insbesondere bei Herrn Prof. Dr. D. Greiner, der mir bei dieser Ausarbeitung zur Seite Stand und mit Rat dieses Skript unterstützte.

Vorwort

In diesem Skript sollen speziell die Inhalte der Mathematik im Bereich der Wirtschaftswissenschaftlichen Studiengänge abgestimmt vermittelt werden. Es richtet sich an Studierende, die nicht-„bodenständige" Studiengänge absolvieren.

Die unter dem Punkt „1a" aufgeführten mathematischen Zahlen und Symbole dienen der Wiederauffrischung der mathematischen Voraussetzung und sind erforderlich für dieses Skript.

Der Aufbau des Skriptes ist so konzipiert, dass es möglich ist, in der Selbstlernphase diese Inhalte zu erlernen.

Nach einigen Teilbereichen befinden sich Übungsaufgaben, die zur Selbstüberprüfung dienen. Die Lösungen befinden sich am Ende des Skriptes.

1) Allgemeines

1.1) Mathematische Zahlen und Symbole

Dezimalbezeichnungen

Zehner-potenz	Vorsatz-silbe	Kurz-zeichen	Als Zahl	in Worten	Englisch
24	Yota	Y	1.000.000.000.000.000.000.000.000	Quadrillion	yota
21	Zeta	Z	1.000.000.000.000.000.000.000	Trilliarde	zetta
18	Exa	E	1.000.000.000.000.000.000	Trillion	exa
15	Peta	P	1.000.000.000.000.000	Billiarde	peta
12	Tera	T	1.000.000.000.000	Billion	tera
9	Giga	G	1.000.000.000	Milliarde	giga
6	Mega	M	1.000.000	Million	mega
3	Kilo	k	1.000	Tausend	kilo
2	Hekto	h	100	Hundert	hecto
1	Deka	da	10	Zehn	deca
-1	Dezi	d	0,1	Zehntel	deci
-2	Zenti	c	0,01	Hundertstel	centi
-3	Milli	m	0,001	Tausendstel	milli
-6	Mikro	µ	0,000 001	Millionstel	micro
-9	Nano	n	0,000 000 001	Milliardstel	nano
-12	Piko	p	0,000 000 000 001	Billionstel	pico
-15	Femto	f	0,000 000 000 000 001	Billiardstel	femto
-18	Atto	a	0,000 000 000 000 000 001	Trillionstel	atto
-21	Zepto	z	0,000 000 000 000 000 000 001	Trilliardstel	zepto
-24	Yocto	y	0,000 000 000 000 000 000 000 001	Quadrillionstel	yocto

Römische Ziffern und Zahlen

Die Zeichen I, X, C, M dürfen höchstens dreimal, V, L, D, A nur einmal nebeneinander verwendet werden. Die Zeichen werden von links nach rechts addiert (VII=7), steht eine kleinere Ziffer vor einer größeren, so wird diese abgezogen.

I	1	XV	15	CCC	300
II	2	XX	20	D	500
III	3	XXXIV	34	CD	400
IV	4	XL	40	DC	600
V	5	XLIV	44	M	1000
VI	6	L	50	CM	900
VII	7	LI	51	MM	2000
VIII	8	LXIV	64	MMXI	2011
IX	9	LXXV	75	A	5000
X	10	C	100		
XI	11	CC	200		

Mathematische Symbole

Symbol	Bedeutung		Symbol	Bedeutung
%	von Hundert(Prozent)		<	kleiner als
‰	von Tausend (Promille)		>	größer als
+	plus, und		≤	nicht größer als; gleich oder kleiner als
−	minus, weniger		≥	nicht kleiner als; gleich oder größer als
· / x	mal; multipliziert		∞	unendlich
: /	geteilt, dividiert		π	Kreiszahl, Ludolfsche Zahl (pi), = 3,14159 *
x^y	x hoch y; yte Potenz von x		≅	kongruent, identisch, deckungsgleich
$\ln x$	natürlicher Logarithmus x zur Basis e		lim	Limes (Grenzwert)
lg	(Briggscher) Logarithmus x zur Basis 10		∫	Integralzeichen
$lb\ x$	Logarithmus x zur Basis 2		e	Eulerische Zahl *
Σ	(Sigma) Summenzeichen		$\|x\|$	absoluter Betrag von x
Π	Produktzeichen		∡	Winkel
√	Wurzel		rad	Radiant
°	Grad		sin	Sinus
=	gleich		cos	Cosinus
≠	nicht gleich, ungleich		n!	n Fakultät
≈	angenähert, nahezu gleich		$f(x)$	f von x, (Werte der Funktion f an der Stelle x)
∅	leere Menge		{a;b}	Menge der Elemente „a“ und „b“
{x | x =..}	Menge aller x, für die gilt: x = …		∈	Element von
⊆	Teilmenge von		⊂	echte Teilmenge
$A \cap B$	Durchschnittsmenge von A und B		$A \cup B$	Vereinigungsmenge von A und B
¬	Negation, nicht		∧	Konjunktion, und
∨	Disjunktion; oder; Alternative		∀	logische Verneinung
ℕ	Menge der natürlichen Zahlen		$\mathbb{N}_0$	Menge der natürlichen Zahlen mit Null
ℤ	Menge der ganzen Zahlen		ℚ	Menge der gebrochenen / rationalen Zahlen
ℝ	Menge der reellen Zahlen		ℂ	Menge der komplexen Zahlen

* Werte siehe spezielle mathematische Werte (Konstanten)

Beispiele zu Zahlen

10 = $\mathbb{N}$ *natürliche Zahl*

$\frac{1}{10}$ = $\mathbb{Q}$ *rationale Zahl aus zwei natürlichen ganzen Zahlen*

0,1 = $\mathbb{R}$ *reelle Zahl*

-0,1 = $\mathbb{R}$ *reelle Zahl*

-1 = $\mathbb{Z}$ *ganze Zahl*

$3 + 2i$ = $\mathbb{C}$ *komplexe Zahl mit (zwei natürlichen Zahlen)*

π = $\mathbb{R}$ *reelle Zahl, gehört zu den irrationalen Zahlen*

Griechisches Alphabet

Klein	Groß	Name	Transliteration
α	Α	Alpha	a
β	Β	Beta	b
γ	Γ	Gamma	g
δ	Δ	Delta	d
ε	Ε	Epsilon	e
ζ	Ζ	Zeta	zd
η	Η	Eta	e
θ	Θ	Theta	th
ι	Ι	Iota	i
κ	Κ	Kappa	k
λ	Λ	Lambda	l
μ	Μ	My	m
ν	Ν	Ny	n
ξ	Ξ	Xi	ks
o	Ο	Omikron	o
π	Π	Pi	p
ρ	Ρ	Rho	r
σ	Σ	Sigma	s
τ	Τ	Tau	t
υ	Υ	Ypsilon	u
φ	Φ	Phi	ph
χ	Χ	Chi	kh
ψ	Ψ	Psi	ps
ω	Ω	Omega	o

Spezielle mathematische Werte (Konstanten)

Bezeichnung	Wert		Bezeichnung	Wert
$\sqrt{2}$	1,414213562		$1/\sqrt{\pi}$	0,564189584
$\sqrt{3}$	1,732050808		$(3/4)\cdot\pi$	4,188790205
$\sqrt{10}$	3,162277660		$3/(4\cdot\pi)$	0,238732415
$1/\sqrt{2}$	0,707106781		$e\ (Eulersche\ Zahl)$	2,718281828
$1/\sqrt{3}$	0,577350269		e^2	7,389056099
$1/\sqrt{10}$	0,316227766		$\sqrt{e}$	1,648721271
$\pi\ (Kreiszahl)$	3,141592654		$1/e$	0,367879441
π^2	9,869604401		$1/e^2$	0,135335283
$\sqrt{\pi}$	1,772453851		$1/\sqrt{e}$	0,606530660
$1/\pi$	0,318309886		$1/e^2$	0,101321184

1.2) Mengenlehre

Begriff

Mengen, Elemente:

Die Zusammenfassung von wohlbestimmten und wohlunterschiedenen Dingen zu einem Ganzen nennt man eine Menge. Diese Dinge heißen Elemente. Man bezeichnet Mengen mit großen Buchstaben wie z.B.: A, B, C. Elemente hingegen mit kleinen Buchstaben wie z.B.: a, b, c. Will man aussagen, dass ein Element a zu einer Menge M gehört, so schreibt man $a \in M$. Gehört ein Element b nicht zur Menge M, so schreibt man $b \notin M$. Elemente können gegenständliche oder gedachte Dinge sein wie z.B. Zahlen.

Beispiel:

Gegeben sei die Menge: M={1, 2, 3, 4, 5, 6, 7} und die Elemente a={6} und b={8}, dann ist a ein Element von M. In der Mengenschreibweise sieht dies wie folgt aus: $a \in M$, jedoch ist das Element aus b keine Teilmenge von M und wird in der Mengenschreibweise wie folgt dargestellt: $b \notin M$.

$a \in B$ bedeutet, dass a ein Element von B ist.

$B := \{a\}$ ist eine einelementarige Menge, bestehend aus nur einem Element.

$B := \{a; b\}$ ist eine zweielementarige Menge, bestehend aus den Elementen a und b.

Gleichheitsrelation

A = B

Zwei Mengen A und B sind gleich, wenn sie dieselben Elemente haben, d.h. wenn jedes Element von A auch Element von B ist **und** umgekehrt, d.h. jedes Element von B auch Element von A ist.

Wenn A = B ist, dann folgt daraus auch B = A.

Bsp.:

A = {a; b ; c}

B = {a; b; c}

→ A = B

A = B

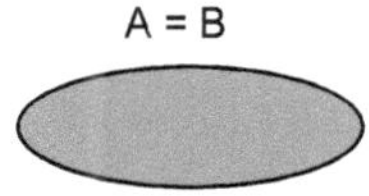

Teilmengenrelation

$A \subseteq B$

Eine Menge ist Teilmenge einer Menge B, wenn jedes Element von A auch Element von B ist und wenn gleichzeitig die Menge $A \neq B$ ist, d.h. wenn in B Elemente existieren, die nicht Elemente von A sind, dann ist A eine echte Teilmenge von B ($A \subset B$).

Bsp.:

A = {a; b; c}

B = {a; b; c; d}

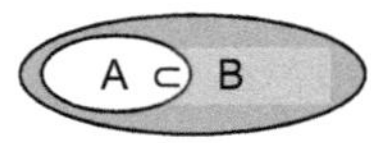

$\rightarrow A \subset B$

Zu erwähnen ist hier noch:

- reflexiv : $A \subseteq B$
- identitiv : $A \subseteq B \wedge B \subseteq A \Leftrightarrow A = B$
- transitiv : $A \subseteq B \wedge B \subseteq C \Leftrightarrow A \subseteq C$

Die leere Menge ∅ ist Teilmenge einer jeden Menge: $\emptyset \subseteq A$

Schnittmenge

$A \cap B$ ist die Menge aller Elemente, die gleichzeitig zu A und zu B gehören:

$A \cap B := \{x \mid x \in A \wedge x \in B\}$

Bsp.:

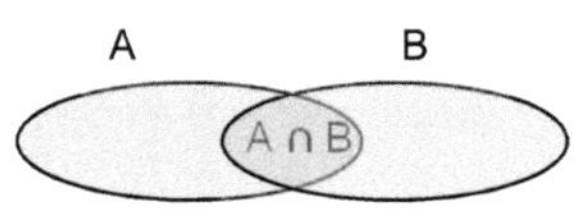

A = {a; b; c; d}

B = {c; d; e; f}

$\rightarrow A \cap B = \{c; d\}$

Vereinigungsmenge

$A \cup B$ ist die Menge aller Elemente, die zu A oder B oder zu beiden Mengen gehören:

$A \cup B := \{x \mid x \in A \wedge x \in B\}$

Bsp.:

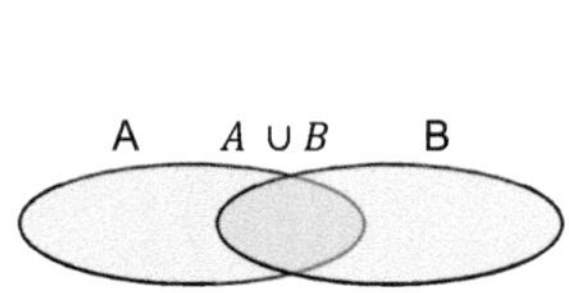

A = {a; b}

B = {c; d}

$\rightarrow A \cup B = \{a; b; c; d\}$

Komplementmengen

Wenn A Teilmenge von E ist, dann ist die Komplementmenge $\bar{A}$ die Menge aller Elemente die zu E gehören aber nicht zu A.

$\bar{A}$:= {x| x ∈ E ∧ x ∉ A}

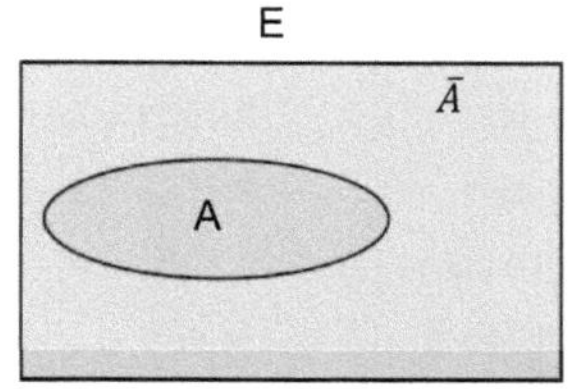

Bsp.:

A = {a; b}

E = {a; b; c; d; e; f}

→ $\bar{A}$ = {c; d; e; f}

Differenzmenge

Die Differenzmenge A \ B ist die Menge aller Elemente, die nicht zur Durchschnittsmenge von A und B gehören:

A \ B := {x| x ∈ A ∧ x ∉ B}

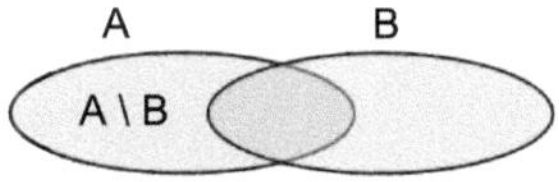

Bsp.:

A = {a; b; c; d}

B = {c; d; e; f}

→ A \ B = {a; b}

Produktmenge

Die Produktmenge A x B ist die Menge aller Paare, deren erstes Element zu A und deren zweites Glied zu b gehören.

A x B := {x; y| x ∈ A ∧ x ∈ aus B}

Bsp.:

A = {a; b; c}

B = {s; t}

→ A x B = {a; s}; {a; t}; {b; s}; {b; t}; {c; s}; {c; t}

Potenzmenge P(a)

Die Potenzmenge P(a) ist die Menge aller Teilmengen einer Menge A.

Bsp.:

A = {a; b; c} P(A) = $\{\emptyset; \{a\}; \{b\}; \{c\}; \{a; b\}; \{a; c\}; \{b; c\}; \{a; b; c\}$

Mengenalgebra

Wenn A, B, C Teilmengen einer Grundmenge E sind, dann gelten folgende Gesetze:

Kommutativgesetz	$A \cap B = A \cap B$	$A \cup B = A \cup B$
Assoziativgesetz	$A \cap (B \cap C) = (A \cap B) \cap C$	$A \cup (B \cup C) = (A \cup B) \cup C$
Distributivgesetz	$A \cap (B \cup C) = (A \cap B) \cup (A \cap C)$	$A \cup (B \cap C) = (A \cup B) \cap (A \cup C)$
Absorptiongesetz	$A \cap (A \cup B) = A$	$A \cup (A \cap B) = A$
Idempotenzgesetz	$A \cap A = A$	$A \cup A = A$
Gesetz für die Komplementmenge	$A \cap \bar{A} = \emptyset$	$A \cup \bar{A} = E$
Neutrale Elemente	$A \cap E = A$	$A \cup \emptyset = A$
Dominanzgesetz	$A \cap \emptyset = \emptyset$	$A \cup E = E$
$\emptyset$ und E- Komplemente	$\bar{\emptyset} = E$	$\bar{E} = \emptyset$

Sonderfall

Doppeltes Komplement $\overline{(\bar{A})} = A$

Übersicht der mengentheoretischen Sprechweisen und Operationen

Mengen-theoretische Schreibweise	Mengen- theoretische Sprechweise
Ω oder S, kann aber auch jeden anderen Buchstaben annehmen, z.B. „M“	Grundmenge/ Samplespace
{}, Ø	leere Menge
$A \subset B$	A ist Teilmenge von B
$A = B$	identische Menge
$A \cap B$	Durchschnittsmenge
$A \cap B = \emptyset$	disjunkte Menge
$A \cup B$	Vereinigungsmenge
$\bar{A}$	Komplementmenge
$A \setminus B$	A minus B, Differenzmenge
$E \in A$	E ist Element von A
$E \notin A$	E ist kein Element von A

Aufgaben Mengenlehre

1) Welche der folgenden Mengen ist gleich der Nullmenge?

a) A = $\{x \mid x^2 = 16 \wedge 3 \cdot x = 6\}$

b) B = $\{x \mid x + 10 = 10\}$

c) C = $\{x \mid x \neq x\}$

2) U sei die Universalmenge {}. Bestimmen Sie das Kompliment folgender Mengen:

a) A = {0, 1, 2}

b) B = $\{x \mid x \in U \wedge x \text{ ist gerade}\}$

c) C = $\{x \mid x \in U \wedge x \text{ ist nicht durch 4 teilbar}\}$

3) Gegeben seien die Mengen

A = {1, 2, 1, 3}

B = {2, 1, 3}

C = {2, 2, 3}

a) Welche beiden dieser Mengen sind einander gleich?

b) Die Menge C ist die Teilmenge welcher Menge?

4) Gegeben seien die Mengen

A = {1, 3, 5, 7}

B = {2, 4, 6, 8}

C = $\{x \mid x > 1, x < 10 \text{ und } x \text{ ist eine Primzahl}\}$

Man bilde:

a) $A \cup B$ b) $A \cup C$ c) $A \cap B$ d) $A \cap C$

1.3) Zahlenbereiche, Arithmetik, Algebra

$\mathbb{N}$ = {1, 2, 3, 4,......} ist die Menge der natürlichen Zahlen ohne Null. Gelegentlich wird auch hier die Null mit hinzugezogen. Um Unklarheiten zu vermeiden, sollte man deshalb folgende Präzisierung schreiben.
$\mathbb{N}_0 = \mathbb{N} \cup \{0\}$ = {0, 1, 2, ...} ist die Menge der natürlichen Zahlen mit Null.

$\mathbb{Z}$ = {........,-3, -2, -1, 0, 1, 2, 3, ...} ist die Menge der ganzen Zahlen.

$\mathbb{Q} = \left\{\frac{a}{b}\right\}$ die Menge der rationalen Zahlen (alle Brüche, wobei „a“ und „b“ ganze Zahlen sind und „b“ nicht Null ist)

$\mathbb{R}$ =die Menge der reellen Zahlen (alle rationalen Zahlen und alle irrationalen Zahlen, wie z.B. 3,1459265..., was die π Zahl darstellt).

$\mathbb{C}$ = die Menge der komplexen Zahlen (alle Zahlen, die in der Form $a + b \cdot i$ geschrieben werden können, wobei „i“ die imaginäre Einheit bezeichnet und „a“ sowie „b“ reelle Zahlen sind).

Es besteht folgende Beziehung zwischen den Zahlenbereichen:

$$\mathbb{N} \subset \mathbb{Z} \subset \mathbb{Q} \subset \mathbb{R} \subset \mathbb{C}$$

Potenz- und Wurzelrechnung

Potenz

Potenz ist eine Kurzschreibweise für Multiplikationen, die nur aus gleichen Faktoren bestehen. Z.B. $2 \cdot 2 \cdot 2 \cdot 2 = 16$ bedeutet, dass die Zahl 2 insgesamt 4- mal mit sich selbst multipliziert wird. Dieses Produkt wird dann abgekürzt mit der Schreibweise 2^4 , Potenz genannt und „ 2 hoch 4“ ausgesprochen. Eine Potenz besteht immer aus der Grundzahl (oder Basis), der Hochzahl (oder Exponenten) und das Ergebnis wird Potenzwert genannt.
Potenzieren mit Null ergibt immer den Potenzwert 1.
Bsp.: $2^0 = 1$
Potenzieren mit 1 ergibt immer den Wert der Basis.
Bsp.: $375^1 = 375$

Potenzregeln

Ein Produkt aus zwei gleichen Grundzahlen mit verschiedenen Exponenten kann in eine Potenz aus der Grundzahl mit der Summe der Exponenten umgewandelt werden und umgekehrt.

Bsp.: $a^m \cdot a^n = a^{(m+n)}$; $a^{(m+n)} = a^m \cdot a^n$

Ein Produkt aus zwei verschiedenen Grundzahlen mit dem gleichen Exponenten kann in eine Potenz mit dem Produkt der Grundzahlen mit dem gemeinsamen Exponenten umgewandelt werden und umgekehrt.

Bsp.: $a^n \cdot b^n = (a \cdot b)^n$; $(a \cdot b)^n = a^n \cdot b^n$

Wurzel

Die n-te Wurzel einer Zahl a ist die Zahl, deren n-te Potenz wiederum die Zahl a ergibt.

Bsp.: $\sqrt[n]{a} = b \Leftrightarrow b^n = a$

So ergibt die dritte Wurzel aus 8 die Zahl 2, die dritte Potenz von 2 ist wiederum 8.

Bsp.: $\sqrt[3]{8} = 2 \Leftrightarrow 2^3 = 8$

In diesem Beispiel stellt die Zahl acht den Radikanten dar und die drei ist der Wurzelexponent.

Bei der Quadratwurzel wird der Wurzelexponent (zwei) oft auch weggelassen.

Bsp.: $\sqrt[2]{9} = \sqrt{9} = 3$

Die Definition der Wurzel legt fest, dass die Wurzel eines positiven Radikanten wieder eine positive Zahl ist.

Das Ergebnis $\sqrt[2]{9} = \sqrt{9} = 3$ wohingegen das Ergebnis einer entsprechenden Gleichung zwei Lösungen haben kann.

Bsp.: $x^2 = 9 \Rightarrow x_1 = +\sqrt{9} = 3 \; und \; x_2 = -\sqrt{9} = -3$

Schreibweise der Wurzel als Potenz

Eine Wurzel kann auch als Potenz mit einem Bruch als Exponent geschrieben werden.

Bsp.: $\sqrt[n]{a} = a^{\frac{1}{n}}$; $\frac{1}{\sqrt[n]{a}} = a^{-\frac{1}{n}}$

$\sqrt[n]{a^m} = a^{\frac{m}{n}}$; $\frac{1}{\sqrt[n]{a^m}} = a^{-\frac{m}{n}}$

Binomische Formeln

$(a+b)^2 = (a+b) \cdot (a+b) = a^2 + 2 \cdot a \cdot b + b^2$

$(a-b)^2 = (a-b) \cdot (a-b) = a^2 - 2 \cdot a \cdot b + b^2$

$(a+b) \cdot (a-b) = a^2 - b^2$

Bsp.:

$31^2 = (30+1)^2 = 30^2 + 2 \cdot 30 \cdot 1 + 1^2 = 961$

$28^2 = (30-2)^2 = 30^2 - 2 \cdot 30 \cdot 2 + 2^2 = 784$

$22 \cdot 18 = (20+2) \cdot (20-2) = 20^2 - 2^2 = 396$

Summenzeichen

$$\sum_{k=1}^{n} a_k = a_1 + a_2 + a_3 + \cdots + a_n$$

Das Summenzeichen $\sum$ dient zur verkürzten und vereinfachten Darstellung von Summen.

Die Variable „k“ wird dabei als Index bezeichnet.

Man kann mit der Indizierung die unterschiedlichsten Folgen bilden und aufsummieren.

Bsp.: Summe der ersten n natürlichen Zahlen

$$\sum_{k=1}^{n} k = 1 + 2 + 3 + \cdots + n = \frac{n \cdot (n+1)}{2}$$

Als Zahlenbeispiel mit n = 5

$$\sum_{k=1}^{5} k = 1 + 2 + 3 + 4 + 5 = \frac{5 \cdot (5+1)}{2}$$

Summe der ersten n geraden Zahlen

$$\sum_{k=1}^{5} 2 \cdot k = 2 + 4 + 6 + 2 \cdot n = n \cdot (n+1)$$

$$\sum_{k=1}^{5} 2 \cdot k = 2 + 4 + 6 + 8 + 10 = 5 \cdot (5+1) = 30$$

Summe der ersten ungeraden Zahlen (man beachte Punkt vor Strichrechnung!)

$$\sum_{k=1}^{5} (2 \cdot k - 1) = 1 + 3 + 5 + \cdots + (2 \cdot n - 1) = n^2$$

$$\sum_{k=1}^{5} (2 \cdot k - 1) = 1 + 3 + 5 + 7 + 9 = 5^2 = 25$$

Produktzeichen

$$\prod_{k=1}^{n} a_k = a_1 \cdot a_2 \cdot a_3 \cdot \dots a_n$$

Das Produktzeichen dient zur abgekürzten und vereinfachten Darstellung von Produkten. Die Variable „k" wird dabei als Index bezeichnet. Man kann mit der Indizierung die unterschiedlichsten Folgen bilden und durchmultiplizieren.

Bsp.: Produkt der ersten 5 natürlichen Zahlen

$$\prod_{k=1}^{5} k = 1 \cdot 2 \cdot 3 \cdot 4 \cdot 5 = 120$$

Produkt der ersten 5 geraden Zahlen

$$\prod_{k=1}^{5} (2 \cdot k) = 2 \cdot 4 \cdot 6 \cdot 8 \cdot 10 = 2400$$

Produkt der ersten 5 ungeraden Zahlen

$$\prod_{k=1}^{5} (2 \cdot k - 1) = 1 \cdot 3 \cdot 5 \cdot 7 \cdot 9 = 945$$

Aufgaben zu Summen und Produkten

a) Man bestimme die Summe von:

$$\sum_{k=1}^{3} (2 \cdot k - 1) \cdot (2 \cdot k + 1)$$

b) Man bestimme die Summe von:

$$\sum_{k=1}^{100} k$$

c) Man bestimme das Produkt von:

$$\prod_{k=2}^{4} 2k^2$$

2) Folgen, Reihen und Finanzmathematik

Hier werden die Begriffe „Folgen" und „Grenzwerte von Folgen" erörtert. Die Grenzwerte von Folgen werden wiederum benötigt für die Differentialrechnung.
Mit Zahlenfolgen lassen sich ohne Schwierigkeiten Reihen einführen, die in vielen ökonomischen Bereichen Anwendung finden.
Reihen wiederum bilden die Grundlage der Finanzmathematik.

Folgen

Eine Zahlenfolge ist eine Funktion, deren Definitionsbereich Teilmenge von ℕ ist. Die Folgen werden je nach der Anzahl der Glieder als endliche oder unendliche Folge bezeichnet.
Eine Folge wird symbolisch folgendermaßen dargestellt:

$$a_n = f(n)$$

wobei

$$a_n\text{: Glieder der Folge}, a_n \in \mathbb{R}$$
$$n\text{: Indizes der Glieder}, n \in \mathbb{N}$$

darstellen.
Zwei spezielle Zahlenfolgen, die eine wichtige Rolle spielen, werden im Folgenden betrachtet.

Arithmetische Zahlenfolge

Satz: Eine Folge heißt arithmetisch, wenn die Differenz zweier aufeinanderfolgender Glieder immer gleich groß ist.
Bsp.:
5, 8, 11, 14.
Die Differenz zwischen zwei Folgeglieder ist immer im Abstand von 3. Das n-te Glied der arithmetischen Folge lässt sich allgemein auch in der folgenden Formel schreiben:

$$a_n = a_1 + (n-1)d$$

wobei

$$a_1\text{: erstes Glied der Folge}$$
$$a_n\text{: } n - \text{tes Glied der Folge}$$
$$d\text{: die Differenz zweier aufeinanderfolgender Glieder}$$

darstellt.
Die Elemente haben dabei folgende Form:

$$a_1 = \boldsymbol{a_1}$$
$$\text{für } n = 1 \Rightarrow a_2 = \boldsymbol{a_1 + d}$$
$$\text{für } n = 2 \Rightarrow a_3 = a_2 + d = a_1 + d + d = \boldsymbol{a_1 + 2 \cdot d}$$
$$\text{für } n = 3 \Rightarrow a_4 = a_3 + d = a_2 + 2 \cdot d = \boldsymbol{a_1 + 3 \cdot d}$$

In der expliziten Form sieht eine arithmetische Reihe wie folgt aus:

$$a_n = \boldsymbol{a_1 \cdot (n-1) \cdot d}$$

Somit lautet das allgemeine Glied im obigen Beispiel wie folgt:

$$\boldsymbol{a_n = 5 + 3(n-1)}$$

$$\Rightarrow a_1 = 5 + 3(1-1) = 5$$

$$\Rightarrow a_2 = 5 + 3(2-1) = 8$$

$$\Rightarrow a_3 = 5 + 3(3-1) = 11$$

Bsp.: Gegeben sei bei einer arithmetischen Folge $a_2 = 4;\ \ a_5 = 25$. Gesucht ist die Darstellung für a_n.

Darstellung : $a_n = a_1 \cdot (n-1) \cdot d$

Zu bestimmen sind $a_1\ und\ d$

bekannt: $\begin{cases} a_2 = a_1 + d = 4 \\ a_5 = a_1 + 4 \cdot d = 25 \end{cases}$

$$\begin{array}{cc|c} 1 & 1 & 4 \\ 1 & 4 & 25 \end{array} \quad \begin{array}{l} |\cdot -1 \\ \downarrow + \end{array}$$

$$\begin{array}{cc|c} 1 & 1 & 4 \\ 0 & 3 & 21 \end{array} \qquad \longrightarrow 3d = 21 \longrightarrow d = 7$$

$$\longrightarrow a_1 = 4 - 7 = -3$$

Falls $\{a_n\}_{n=1,2,\ldots}$ eine arithmetische Folge sein soll, dann gilt:

$$a_n = -3 + 7 \cdot (n-1);\ \ \textit{kann auch als } 7 \cdot n - 10 \textit{ geschrieben werden}$$

$$\boldsymbol{a_1 = -3 + 7(1-1) = -3}$$

$$\boldsymbol{a_2 = -3 + 7(2-1) = 4}$$

$$\boldsymbol{a_3 = -3 + 7(3-1) = 11}$$

$$\boldsymbol{a_4 = -3 + 7(4-1) = 25}$$

Aufgaben arithmetische Zahlenfolge

Es sei $\{a_n\}_{n=1,2,..}$ eine arithmetische Zahlenfolge. Man bestimme a_1 und d in der Darstellung $a_n = a_1 \cdot (n-1) \cdot d$, wenn folgende Größen gegeben sind.

a) $a_7 = 20;\ \ a_{10} = 29$

b) $a_7 = -24;\ \ a_3 = 2 \cdot a$

c) $a_3 = 12;\ \ a_2 = d^2$

Geometrische Folge

Eine Folge von Zahlen heißt geometrisch, wenn der Quotient zweier aufeinanderfolgender Glieder konstant ist. Hier liegt ein konstantes relatives Wachstum vor, z.B. zeitlicher Wert einer Maschine bei konstanter, relativer (bzw. prozentualer) Abschreibung, oder auch Jahreszinsen.

Das n-te Glied der geometrischen Folge lässt sich allgemein auch in der folgenden Formel schreiben:

$$a_n = a_1 \cdot q^{(n-1)}$$

wobei

$$a_1 = erstes\ Glied\ der\ Folge$$
$$a_n = n - tes\ Glied\ der\ Folge$$
$$q = Quotient\ je\ zweier\ aufeinander\ folgender\ Glieder$$

darstellt.

Die Elemente haben dabei folgende Form:

$$a_1 = \boldsymbol{a_1}$$
$$f\ddot{u}r\ n = 1 \Rightarrow a_2 = q \cdot a_1 = \boldsymbol{a_1 \cdot q}$$
$$f\ddot{u}r\ n = 2 \Rightarrow a_3 = q \cdot a_2 = \boldsymbol{a_1 \cdot q^2}$$

In der expliziten Form

$$\boldsymbol{a_n = a_1 \cdot q^{(n-1)}}$$

Bsp.: Gegeben sei bei einer geometrischen Folge $a_3 = 12\ und\ a_6 = 1{,}5$. Gesucht sind $q\ und\ a_1$ in der Darstellung $a_n = a_1 \cdot q^{(n-1)}$.

bekannt:

$$\begin{cases} a_3 = a_1 \cdot q^2 = 12 \\ a_6 = a_1 \cdot q^5 = 1{,}5 \end{cases}$$

Lösungsvariante: 2. Gleichung durch 1. Gleichung teilen

$$\frac{a_1 \cdot q^5}{a_1 \cdot q^2} = \frac{1{,}5}{12} \rightarrow q^3 = 0{,}125 \rightarrow \sqrt[3]{} = 0{,}5 \rightarrow q = 0{,}5$$

$$a_1 = \frac{12}{q^2}; a_1 = \frac{1{,}5}{q^5} \rightarrow \frac{12}{q^2} = \frac{1{,}5}{q^5}$$

$$\rightarrow a_1 = \frac{12}{0{,}5^2} = a_1 = 48$$

$$\Rightarrow a_n = 48 \cdot 0{,}5^{n-1} \rightarrow 48 \cdot 0{,}5^n \cdot 0{,}5^{-1}$$

$$\rightarrow 48 \cdot 0{,}5^n \cdot \frac{1}{0{,}5} \rightarrow 48 \cdot 0{,}5^n \cdot 2 \rightarrow 96 \cdot 0{,}5^n$$

$$\boldsymbol{a_n \text{ ist demnach } 96 \cdot 0{,}5^n}$$

Rechnung:

$$\boldsymbol{a_1 = 96 \cdot 0{,}5^1 = 48}$$

$$\boldsymbol{a_2 = 96 \cdot 0{,}5^2 = 24}$$

$$\boldsymbol{a_3 = 96 \cdot 0{,}5^3 = 12}$$

$$\boldsymbol{a_4 = 96 \cdot 0{,}5^4 = 6}$$

$$\boldsymbol{a_5 = 96 \cdot 0{,}5^5 = 3}$$

$$\boldsymbol{a_6 = 96 \cdot 0{,}5^6 = 1{,}5}$$

Aufgaben geometrische Folge:

Man bestimme für eine geometrische Zahlenfolge in der Darstellung $\boldsymbol{a_n = a_1 \cdot q^{(n-1)}}$ mit $\{a_n\}_{n=1,2,3;....}$ die jeweils fehlende Größe.

	n	a_n	a_1	q
a)	**4**	**−0,5**	**4**	?
b)	?	**3072**	**3**	**2**

Reihen

Werden die Glieder einer Zahlenfolge addiert, so nennt man die Summen Zahlenreihe.

$$g_1 + g_2 + g_3 + \cdots + g_n = \sum_{i=1}^{n} g_i = s_n$$

Die Elemente g_i sind in diesem Falle Glieder einer endlichen Zahlenreihe. Eine unendliche Zahlenreihe liegt vor, wenn es kein letztes Element g_i gibt.

$$g_1 + g_2 + g_3 + \cdots = \sum_{i=1}^{\infty} g_i = s_\infty$$

Arithmetische Reihe

Werden die n ersten arithmetischen Folgeglieder addiert, so ergibt sich als Summe:

$$s_{a_n} = \frac{n}{2}(a_1 + a_n)$$

wobei

$$a_1 : erstes\ Glied$$

$$a_n : n - tes\ Glied$$

$$s_{a_n} : Summe\ der\ n\ Glieder$$

darstellt.

Bsp.:

$$s_{a_4} = \frac{4}{2}(5 + 14) = 38$$

Die Differenz d muss errechnet werden:

bekannt: $\begin{cases} a_1 = a_1 \cdot 0d = 5 \\ a_4 = a_1 + 3 \cdot d = 14 \end{cases}$

$$\begin{array}{cc|c} 1 & 0 & 5 \\ 1 & 3 & 14 \end{array} \qquad \begin{array}{l} |\cdot -1 \\ \downarrow + \end{array}$$

$$\begin{array}{cc|c} 1 & 0 & 5 \\ 0 & 3 & 9 \end{array} \qquad \rightarrow 3d = 9\ |:3$$

$$\rightarrow d = 3$$

$$\rightarrow a_1 = 5 - 0 = 5$$

Falls $\{a_n\}_{n=1,2,..}$ eine arithmetische Folge sein soll, dann gilt:

$$a_n = 5 + 3 \cdot (n-1);\ \textit{kann auch als } 3 \cdot n + 2 \textit{ geschrieben werden}$$

$$\boldsymbol{a_1 = 5 + 3(1-1) = 5}$$
$$\boldsymbol{a_2 = 5 + 3(2-1) = 8}$$
$$\boldsymbol{a_3 = 5 + 3(3-1) = 11}$$
$$\boldsymbol{a_4 = 5 + 3(4-1) = 14}$$

Summiert man die Ergebnisse auf, kommt man zum Ergebnis der arithmetischen Reihe.

$$14 + 11 + 8 + 5 = 38$$

Endliche geometrische Reihe

Werden die ersten geometrischen Folgeglieder addiert, so ergibt sich als Summe:

$$s_{g_n} = \frac{g_1(f^n - 1)}{f - 1}$$

wobei

$$g_1\text{: erstes Glied}$$
$$g_n\text{: } n - \text{tes Glied}$$
$$f\text{: Quotient je zweier aufeinanderfolgender Glieder}$$
$$s_{g_n}\text{: Summe der } n \text{ ersten Glieder}$$

darstellt.

Bsp.: siehe geometrische Folgen

$$s_{g_6} = \frac{48(0{,}5^6 - 1)}{0{,}5 - 1} = 94{,}5$$

Summiert man die Ergebnisse aus der geometrischen Folge auf, so kommt man auf das Ergebnis:

$$\begin{aligned} a_1 &= 48 \\ a_2 &= 24 \\ a_3 &= 12 \\ a_4 &= 6 \\ a_5 &= 3 \\ a_6 &= 1{,}5 \\ \hline \sum &= 94{,}5 \end{aligned}$$

Unendliche geometrische Reihe

Die unendliche geometrische Reihe hat kein letztes Glied und ihre Summe lässt sich sehr einfach durch eine Grenzwertberechnung anhand der Formel für die geometrische Reihe herleiten.

$$\lim_{n\to\infty} s_{g_n} = \lim_{n\to\infty} \frac{g_1(f^n - 1)}{f - 1} = \frac{g_1}{1 - f}$$

$$\Rightarrow s_g = \frac{g_1}{1 - f}$$

wobei $|f| < 1$

sein muss, da die Reihe nur in diesem Fall konvergent (d. h. aufeinander zulaufend sich annähernd; übereinstimmend) ist.

Bsp.:

$$\Rightarrow s_6 = \frac{48}{1 - 0{,}5} \to \frac{48}{0{,}5} = 96$$

Siehe geometrische Folgen, hier ist dies der Multiplikator a_1.

Finanzmathematik

Zinseszinsrechnung bei einmaliger Zahlung bzw. bei einzeln zu verzinsenden Zahlungen

In diesem Abschnitt wird im Wesentlichen die Frage beantwortet, auf welchen Endwert k_n ein einzelner Betrag nach einer Verzinsungsdauer von n Perioden bei einem Zinsfuß p unter verschiedenen Bedingungskonstellationen anwächst.

Berechnung von Barwerten und Endwerten etc.

Standardfall

Die hierfür benutzte Nomenklatur lautet:

k_0 $\quad Anfangswert, Barwert, Gegenwartswert$

k_n $\quad Endwert, Zeitwert$

p $\quad Zinsfuß\ [\%]; i = \frac{p}{100}$

$q = 1 + \frac{p}{100}$ $Aufzinsungsfaktor$

$\frac{1}{q}$ $\quad Abzinsungsfaktor$

n $\quad Verzinsungsdauer\ in\ Jahren$

Im Standardfall wird von folgenden Bedingungen ausgegangen:

- Die Zinsen werden jährlich berechnet.
- Die Zinsen werden am Ende einer Zinsperiode zugeschlagen (nachschüssige Zinszahlung).
- Die Verzinsungsdauer ist ein ganzes Vielfaches der Zinsperiode.

Mit diesen Standardannahmen ergibt sich der Endwert k_n

$$k_n = k_0 \cdot q^n = k_0 \cdot \left(1 + \frac{p}{100}\right)^n$$

da $k_1 = k_0;\ \ k_2 = k_1 \cdot q \Rightarrow k_0 = k_1 \cdot q^2; u.s.w.$

Bsp:

Es werden 1000 Euro über 10 Jahre hinweg mit jährlich 5% verzinst.

$$k_n = 1000€ \cdot 1{,}05^{10} = 1000€ \cdot \left(1 + \frac{5}{100}\right)^{10} = 1000€ \cdot 1{,}62889 = 1628{,}89€$$

Betrachtung der einzelnen Jahre, wenn das Kapital nur 3 Jahre angelegt werden würde.

$$k_1 = 1000€ \cdot 1{,}05^{10} = 1050€$$

$$k_2 = 1050€ \cdot 1{,}05^{10} = 1102{,}50€$$

$$k_3 = 1112{,}50€ \cdot 1{,}05^{10} = 1157{,}625€$$

Der Barwert kann durch Auflösen der Endwertgleichung nach k_0 ermittelt werden.

Entsprechend erfolgt die Berechnung der Zahl der Zinsabschnitte und der Zinsfaktoren, z.B.:

$$n = \frac{lg \cdot k_n - lg \cdot k_0}{\lg q}$$

Bsp.:

$$n = \frac{\lg 1157{,}625 - \lg 1000}{\lg 1{,}05} = 3$$

Es wurden demnach 3- mal die Zinsen auf das Grundkapital k_0 (1000€) mit 5% Zinsen (1,05) berechnet. Es gab 3 Zinsabschnitte.

Abweichung vom Standardfall

Eine Abweichung vom Standardfall stellt die Berechnung eines kürzeren Zeitraumes als ein Jahr dar.

Werden z.B. Zinsperioden von einem Vierteljahr vereinbart, dann entsprechen einer Verzinsungsdauer von $n\,Jahren\;n \cdot m\;Zinsperioden.$ Bei einem nominellen Jahreszinsfuß p ist der effektive unterjährige Zinsfuß $\frac{p}{m}$.

Die Endwertformel lautet in diesem Fall

$$k_n = k_0\left(1 + \frac{p}{m \cdot 100}\right)^{m \cdot n}$$

Bsp.:

Es wird der Anfangswert von 1000 € mit einem Zinssatz von 5% ein Dreivierteljahr lang alle Vierteljahr verzinst.

$$k_n = 1000\left(1 + \frac{5}{1 \cdot 100}\right)^{1 \cdot 3} = 1150€$$

Der Zusammenhang zwischen dem nominellen Jahreszinsfuß p und dem effektiven Jahreszinsfuß p_{eff} lässt sich wie folgt darstellen:

$$k_1 = k_0\left(1 + \frac{p_{eff}}{100}\right) = \left(1 + \frac{p_{eff}}{m \cdot 100}\right)^m$$

$$\Rightarrow 1 + \frac{p_{eff}}{100} = \left(1 + \frac{p_{eff}}{m \cdot 100}\right)^m$$

p_{eff} ist der konforme Jahreszinsfuß zu dem nominellen Jahreszinsfuß p bzw. zu dem effektiven unterjährigen Zinsfuß $\frac{p}{m}$.

- Die Zinsen werden am Anfang einer Zinsperiode zugeschlagen (vorschüssige Zinszahlungen).
- Die Verzinsungsdauer ist kein ganzes Vielfaches der Zinsperioden.

Wenn z.B. bei jährlicher Verzinsung der Fall vorliegt

$$n = k \cdot 1\,Jahr + n_r \quad k \in \mathbb{N},$$

dann ist auf die Restlaufzeit n_r die einfache Verzinsung anzuwenden.

Dieses Verfahren kann beispielsweise bei jährlicher Verzinsung in folgenden Fällen angewandt werden:

- Die Einzahlung eines Betrages erfolgt nicht am 31.12. / 01.01, sondern im Laufe des Jahres. Mit Hilfe der einfachen Verzinsung ist dieser Wert am Ende des Jahres festzustellen
- Die Abhebung eines Kapitals erfolgt nicht am 31.12. / 01.01., sondern im Laufe des Jahres. Mit Hilfe der einfachen Verzinsung ist der Wertzuwachs des Kapitals vom Ende des vorangegangenen Jahres bis zum Abhebungszeitpunkt zu ermitteln.

Zinseszinsrechnung bei regelmäßigen Zahlungen

Auf welchen Endwert s_n wachsen regelmäßige Zahlungen r nach Ablauf von n Perioden bei einem Zinsfuß p an und welchen Barwert s_0 hat s_n zum Zeitpunkt t_0, d.h. zu Beginn der 1. Zahlungsperiode.

Berechnung von Endwert, Barwert etc. im Standardfall

Die verwendete Nomenklatur lautet:

$$r \quad laufende\ Zahlung, Rate$$
$$s_0 \quad Anfangswert, Barwert$$
$$s_n \quad Endwert$$

Im Standardfall wir von folgenden Annahmen ausgegangen:

- Die Zinsen werden jährlich berechnet.
- Die Zinsen werden nachschüssig zugeschlagen.
- Die Zahlungen r erfolgen nachschüssig.
- Die Termine der regelmäßigen Zahlungen fallen mit den Zinsterminen zusammen.
- Die Verzinsungsdauer ist ein ganzes Vielfaches der Zinsperiode.

Unter diesen Standardannahmen kann man die Formel für s_n bei laufenden Zahlungen r wie folgt ableiten:

Nach Ablauf von n Perioden hat

$$\begin{array}{ll} die\ n-te\ rate\ den\ Wert & rq^0 \\ die\ (n-1)te\ Rate\ den\ Wert & rq^1 \\ \vdots & \vdots \\ die\ 1.Rate\ den\ Wert & rq^{n-1} \end{array}$$

Der Endwert s_n der Zahlungen beträgt:

$$s_n = r + rq + rq^2 + \cdots + rq^{n-1}$$

$$\Rightarrow s_n = r\frac{q^n - 1}{q - 1}$$

Bsp.:

Bei einer Rate von 100 € im Jahr und einer Verzinsungsdauer von 11 Jahren bei einem Zinssatz von 5% soll der Endwert berechnet werden.

$$s_n = 100\frac{\left(1+\frac{p}{100}\right)^{11} - 1}{\left(1+\frac{p}{100}\right) - 1} \Rightarrow s_n = 100\frac{1{,}05^{11} - 1}{1{,}05 - 1} = 1420{,}67871623\,€ = 1420{,}68\,€\ gerundet$$

Über die Summenformel sieht dies wie folgt aus:

$$\begin{aligned}
s_1 &= r \cdot q^{n-1} = r \cdot q^{1-1} = r \cdot 1 &&= 100\,€\\
s_2 &= r \cdot q^{n-1} = r \cdot q^{2-1} = r \cdot 1{,}05^1 &&= 105\,€\\
s_3 &= r \cdot q^{n-1} = r \cdot q^{3-1} = r \cdot 1{,}05^2 &&= 110{,}25\,€\\
s_4 &= r \cdot q^{n-1} = r \cdot q^{4-1} = r \cdot 1{,}05^3 &&= 115{,}7625\,€\\
s_5 &= r \cdot q^{n-1} = r \cdot q^{5-1} = r \cdot 1{,}05^4 &&= 121{,}550625\,€\\
s_6 &= r \cdot q^{n-1} = r \cdot q^{6-1} = r \cdot 1{,}05^5 &&= 127{,}62815625\,€\\
s_7 &= r \cdot q^{n-1} = r \cdot q^{7-1} = r \cdot 1{,}05^6 &&= 134{,}009564063\,€\\
s_8 &= r \cdot q^{n-1} = r \cdot q^{8-1} = r \cdot 1{,}05^7 &&= 140{,}710042266\,€\\
s_9 &= r \cdot q^{n-1} = r \cdot q^{9-1} = r \cdot 1{,}05^8 &&= 147{,}745544379\,€\\
s_{10} &= r \cdot q^{n-1} = r \cdot q^{10-1} = r \cdot 1{,}05^9 &&= 155{,}132821598\,€\\
s_{11} &= r \cdot q^{n-1} = r \cdot q^{11-1} = r \cdot 1{,}05^{10} &&= 162{,}889462678€\\
& &&\textstyle\sum = 1420{,}67871623\,€
\end{aligned}$$

Der Anfangswert ergibt sich durch Abzinsen des Endwertes auf den Zeitpunkt t_0.

$$s_0 = \frac{s_n}{q^n}$$

$$\Rightarrow s_0 = r\frac{q^n - 1}{q^n(q-1)}$$

Barwert und Dauer von Rentenzahlungen

Als Rentenzahlung bezeichnet man laufende Zahlungen r_1, r_2, r_3, ...,r_n. Aufgabe der Rentenrechnung ist alternativ oder gemeinsam Barwert, Endwert, Rentenzahlungsdauer und Rentenhöhe unter Standardbedingungen davon zu ermitteln.

Hier wurden folgende Beispiele ausgewählt:

- Ermittlung eines Barwertes einer Rentenzahlung unter Standardbedingungen.
- Ermittlung der Dauer einer Rentenzahlung unter Standardannahmen mit der Ausnahme: die Dauer der Rentenzahlung ist kein ganzes Vielfaches der Zinsperiode.

Barwert

Eine Rente $r = 6000\,€\ \left[\frac{€}{Jahr}\right]$ soll nach 15 Jahren beginnen und 20 Jahre gezahlt werden. $p = 8\ [\%\ p.a]$. Durch welchen Betrag k_0 kann man sie heute ablösen?

Lösung:

Die 1. Rate wird am Ende des 15. Jahres gezahlt. Es könnte also zunächst der Wert der Rentenzahlungen am Anfang des 15. Jahres bzw. am Ende des 14. Jahres ermittelt werden. Dieser Wert sei $k_{14} \cdot k_{14}$, wäre so dann auf den Anfang des 1. Jahres abzuzinsen.

$$k_{14} = 6000€\ \frac{1{,}08^{20} - 1}{1{,}08^{20} \cdot 0{,}08} = 58\,908{,}88\,€$$

$$k_0 = \frac{k_{14}}{1{,}08^{14}}$$

$$k_0 = 20\,056{,}18\,€$$

Dauer, Ausgleichszahlung

Als Gegenleistung für die Übertragung der Eigentumsrechte an einem Gebäude im Werte von k_0 = 100 000 € wird eine Rente in Höhe von 12 000 $\left[\frac{€}{Jahr}\right]$ vereinbart. Wie viel Rente kann gezahlt werden, wenn die Rentenzahlung am Ende der 1. Periode beginnt?

$p = 8\ [\%\ p.a]$.

Allgemeine Lösung

$$\Rightarrow\ k_0 = r\frac{q^n - 1}{q^n(q-1)}$$

$$r\frac{1 - \frac{1}{q^n}}{q - 1}$$

$$\frac{k_0}{r}(q-1) = 1 - \frac{1}{q^n}$$

$$q^{-n} = 1 - \frac{k_0}{r}(q-1)$$

$$n = \frac{-\lg\left(1 - \frac{k_0}{r}(q-1)\right)}{lgq}$$

Wenn n keine ganze Zahl ist, dann ist n^* zu wählen = nächste kleinere ganze Zahl

$$\Rightarrow k_0^* = r\frac{q^{n^*} - 1}{q^{n^*}(q-1)}$$

Ausgleichszahlung in t_0.

$$k_0 - k_0^*$$

Die Ausgleichszahlung kann nach entsprechender Aufzinsung auch z.B. in t_n vorgenommen werden.

Lösung der Aufgabe:

$$n = \frac{-\lg\left(1 - \frac{100\,000}{12\,000}(0{,}08)\right)}{\lg 1{,}08}$$

$$n \approx \frac{0{,}47712}{0{,}03342} \approx 14{,}277\ [Jahre]$$

$$n^* = 14\ [Jahre]$$

$$k_0 = 98\,930{,}84\ [€]$$

Ausgleichszahlung in t_0.

$$k_0 - k_0^* = 1\,069{,}16\ [€]$$

Tilgung einer Schuld durch konstante Tilgungsbeträge und durch konstante Annuitäten

Eine Schuld ist in der Regel zu verzinsen und zu tilgen. Die Tilgung kann nach Ablauf einer vereinbarten Zeit insgesamt erfolgen oder es kann Rückzahlung in Teilbeträgen vereinbart werden. Ausgezahlter Betrag / und oder Rückzahlungsbetrag der Schuld können sich vom Nennwert der Schuld unterscheiden. Die Betrachtung findet unter den Standardannahmen statt.

Tilgung mit konstanter jährlicher – Annuität

Eine Schuld $k_0 = 20\,000\ [€]$

sei in n= 5 [Jahren] zu tilgen

$$Jährliche\ Tigung\ \frac{k_0}{n} = \frac{20\,000}{5}\left[\frac{€}{Jahr}\right]$$

$$Zinsfuß\ p = 8[\%\ p.a]$$

Wie groß sind die Annuitäten?

Annuität a = jährliche Tilgung + jährliche Zinszahlung

Allgemeine Lösung:

$$a_1 = \frac{k_0}{n} + k_0 \frac{p}{100}$$

$$a_2 = \frac{k_0}{n} + k_1 \frac{p}{100} \quad u.s.w.$$

Lösung der Aufgabe:

$$a_1 = \frac{20\,000}{5} + 20\,000 \cdot 0{,}08 = 4\,000 + 1\,600 = 5\,600\ €$$

$$a_2 = \frac{20\,000}{5} + 16\,000 \cdot 0{,}08 = 4\,000 + 1\,280 = 5\,280\ €$$

$$a_3 = \frac{20\,000}{5} + 12\,000 \cdot 0{,}08 = 4\,000 + 960 = 4\,960\ €$$

$$a_4 = \frac{20\,000}{5} + 8\,000 \cdot 0{,}08 = 4\,000 + 640 = 4\,640\ €$$

$$a_5 = \frac{20\,000}{5} + 4\,000 \cdot 0{,}08 = 4\,000 + 320 = 4\,320\ €$$

Tilgung mit konstanten Annuitäten

a) Annuität

Eine Schuld $k_0 = 80\,000\ [€]$

sei mit konstanten Annuitäten zu tilgen bei einem Zinsfuß $p = 4{,}5\ [\%\ p.a]$ und einem Tilgungsfuß $p_t = 7{,}5\ [\%]$.

Wie groß ist die Annuität „a"?

Allgemeine Lösung

$$k_0 = a\,\frac{q^n - 1}{q^n(q-1)}$$

$$a = ?$$

„a" setzt sich zusammen aus Tilgungsbetrag und Zinszahlungen. Die Tilgungsbeträge bei konstantem „a" ergeben sich aus folgender Tabelle:

Tilgungsbetrag	Schuldsumme
$t_1 = a - k_0\frac{p}{100}$	$k_1 = k_0 - t_1$
$t_2 = a - k_1\frac{p}{100}$ $= a - (k_0 - t_1)\frac{p}{100}$ $= t_1 + t_1\frac{p}{100}$ $= t_1 \cdot q$	$k_2 = k_1 - t_2$
$t_3 = a - k_2\frac{p}{100}$ $= a - (k_1 - t_2)\frac{p}{100}$ $= t_2 + t_2\frac{p}{100}$ $= t_2 \cdot q$	$k_3 = k_2 - t_3$

Es resultieren also folgende Tilgungsbeträge.

$$\begin{aligned} t_1 &= t_1 &&= t_1 \\ t_2 &= t_1 \cdot q &&= t_1 \cdot q \\ t_3 &= t_2 \cdot q &&= t_1 \cdot q^2 \\ t_4 &= t_3 \cdot q &&= t_1 \cdot q^3 \\ &\vdots && \vdots \\ t_n &= t_{n-1} \cdot q &&= t_1 \cdot q^{n-1} \end{aligned}$$

$$\sum_{i=1}^{n} t_i = t_1\frac{q^n - 1}{q - 1}$$

Wenn

$$t_1 \frac{q^n - 1}{q - 1} = k_0$$

dann ist die Tilgung beendet.

Aus der Ableitung dieser Gleichung ergeben sich Tilgungsfuß und Annuität, aus der Gleichung selbst resultiert die Dauer der Tilgung.

$$k_0 = a \frac{q^n - 1}{q^n(q - 1)}$$

a = const., z.B. $a = t_1 + k_0 \frac{p}{100}$ $(siehe\ Tabelle)$

$$k_0 = \left(t_1 + k_0 \frac{p}{100}\right) \frac{q^n - 1}{q^n(q - 1)}$$

$$= k_0 \frac{t_1}{k_0} + \frac{p}{100} \cdot \frac{q^n - 1}{q^n(q - 1)}$$

$$Tilgungsfuß\ p_t = \frac{t_1}{k_0} \cdot 100$$

$$Annuität\ a = k_0 \left(\frac{t_1}{k_0} + \frac{p}{100}\right)$$

Lösung der Aufgabe

$$a = 80\,000 \cdot (0{,}045 + 0{,}075) = 9\,600 \left[\frac{€}{Jahr}\right]$$

b) Dauer

Allgemeine Lösung

$$t_1 \frac{q^n - 1}{q - 1} = k_0$$

$$p_t = \frac{q^n - 1}{q - 1} \cdot 100$$

$$q^n - 1 = \frac{p}{p_t}$$

$$n = \frac{\lg\left(\frac{p}{p_t} + 1\right)}{\lg q}$$

Wenn n keine ganze Zahl ist, dann ist n* = nächste kleinere ganze Zahl zu wählen und eine Ausgleichszahlung zu ermitteln, wie beschrieben unter Barwert und Dauer von Rentenzahlungen.

Lösung der Aufgabe:

$$n = \frac{\lg\left(\frac{4,5}{7,5} + 1\right)}{\lg 1,045} \approx \frac{0,20412}{0,01912} \approx 10,678\ [Jahre]$$

$$n^* = 10\ [Jahre]$$

$$k_0{}^* = 9\,600\ \frac{1,045^{10} - 1}{1,045^{10} \cdot 0,045}$$

$$k_0{}^* = 75\,962,09\ [€]$$

$$Ausgleichszahlung\ in\ t_0 = 4\,037,91\ [€]$$

3) Gleichungssysteme

Definition

Sind die Terme T_1 und T_2 zueinander äquivalent (d.h. gleichwertig), dann kann man dies als „gleich" schreiben:

$$T_1 = T_2$$

Bsp.:

$$2 + 3 = 7 - 2$$

T_1 bildet die linke Seite, T_2 bildet die rechte Seite der Gleichung.

Entsprechend definiert man Ungleichungen:

$$T_1 < T_2$$

Bsp.:

$$2 + 3 < 8 - 2$$

Äquivalente Umformungen von Gleichungen

Wenn man eine Gleichung durch Rechenoperationen so umformt, dass die Lösungsmenge unverändert bleibt, dann spricht man von äquivalenten Umformungen.

Folgende Grundoperationen für äquivalente Umformungen sind zulässig:

Addition einer Zahl „a" auf beiden Seiten einer Gleichung / Ungleichung

$$T_1 + a = T_2 + a$$

Bsp.: $(2 + 3) + 4 = (7 - 2) + 4$

$$T_1 + a < T_2 + a$$

Bsp.: $(2 + 3) + 4 < (8 - 2) + 4$

Subtraktion einer Zahl „a“ auf beiden Seiten einer Gleichung / Ungleichung

$$T_1 - a = T_2 - a$$

Bsp.: $$(2+3) - 4 = (7-2) - 4$$

$$T_1 - a < T_2 - a$$

Bsp.: $$(2+3) - 4 < (8-2) - 4$$

Multiplikation mit einer Zahl „a“ auf beiden Seiten einer Gleichung/ Ungleichung

$$T_1 \cdot a = T_2 \cdot a$$

Bsp.: $$(2+3) \cdot 4 = (7-2) \cdot 4$$

Wenn a > 0, dann gilt für Ungleichungen

$$T_1 \cdot a < T_2 \cdot a$$

Bsp.: $$(2+3) \cdot 4 < (7-2) \cdot 4$$

Wenn a < 0, dann gilt für Ungleichungen

$$T_1 \cdot a > T_2 \cdot a$$

(Das Ungleichheitszeichen muss gedreht werden!)

Bsp.: $$(2+3) \cdot (-4) > (7-2) \cdot (-4)$$

Division mit einer Zahl „a“ auf beiden Seiten einer Gleichung / Ungleichung

$$T_1/a = T_2/a$$

Bsp.: $$(2+3)/4 = (7-2)/4$$

Wenn a > 0, dann gilt für Ungleichungen

$$T_1/a < T_2/a$$

Bsp.: $$(2+3)/4 < (7-2)/4$$

Wenn a < 0, dann gilt für Ungleichungen

$$T_1/a > T_2/a$$

(Das Ungleichheitszeichen muss gedreht werden!)

Bsp.: $$(2+3) \cdot (-4) > (7-2) \cdot (-4)$$

Lineare algebraische Gleichungen

Normalform	$a \cdot x + b = 0$	$\lvert -b \text{ und } \lvert : a$	$Lsg.: x = -\frac{b}{a}$
Bsp.:	$2 \cdot x + 3 = 0$	$\lvert -3 \text{ und } \lvert : 2$	$Lsg.: x = -\frac{3}{2}$

Gleichungssysteme

Gleichungssysteme bestehen aus mindestens zwei Gleichungen und haben mindestens zwei Variablen.

Hier gibt es eine Vielzahl von Lösungsmöglichkeiten. Es werden hier die gebräuchlichsten Verfahren gezeigt. Ein Verfahren (Gausssche Algorithmus) gibt alle Lösungen aus einem linearen algebraischen Gleichungssystem. Andere Verfahren zeigen zum Teil nicht alle Lösungen an.

Subtraktionsverfahren:

Die erste Gleichung „I" wird von der zweiten Gleichung „II" abgezogen.

I)	B	+	C	=	7	
II)	2B	+	C	=	10	
I-II	-B		0	=	-3	$\vert\cdot(-1)$
Spalte						
			→B	=	3	

Das Ergebnis B=3 wird in die erste oder zweite Gleichung eingesetzt.

I)	3	+	C	=	7	$\vert -3$
		→	C	=	4	

oder

II)	$2\cdot 3$	+	C	=	10	$\vert -6$
			C	=	4	

Als Kontrolle kann man die Werte in die Gleichung einsetzen.

I)	3	+	4	=	7
II)	$2\cdot 3$	+	4	=	10

Die Gleichung muss auf der rechten wie auf der linken Gleichungsseite stimmen!

Einsetzungsverfahren

Hier wird ein Teil der Gleichung in die andere eingesetzt. In diesem Fall wird die umgeformte Gleichung „I" in die „II" Gleichung eingesetzt.

I)	B	+	C	=	7	→C = 7-B
II)	2B	+	C	=	10	
→	2B	+	7-B	=	10	
	B	+	7	=	10	$\vert -7$
	B			=	3	

Dieses Ergebnis wird in die Gleichung eingesetzt:

I)	3	+	C	=	7		→C = 4
oder							
II)	6	+	C	=	10	$\|\cdot(-6)$	→ C = 4

Gleichsetzungsverfahren

Hier werden die Gleichungen nach einer Variablen aufgelöst und dann die rechten Seiten gleichgesetzt.

I)	B	+	C	=	7			→C = 7-B
II)	2B	+	C	=	10			→C = 10-2B
gleichsetzten								
→	7	-	B	=	10	-	2B	$\|+2B$
	7	+	B	=	10			$\|-7$
			B	=	3			
in eine der Gleichungen einsetzen								
I)	3	+	B	=	7			→C = 4
oder								
II)	6	+	C	=	10			→ C = 4

Gauss`scher Algorithmus

Ein lineares algebraisches Gleichungssystem mit m Gleichungen für n Unbekannte x_1, x_2, x_3, ...x_n hat die Form:

$$\left.\begin{array}{ccccccccc} a_{11}\cdot x_1 & + & a_{12}\cdot x_2 & + & \ldots\ldots & + & a_{1n}\cdot x_n & = & b_1 \\ a_{21}\cdot x_1 & + & a_{22}\cdot x_2 & + & \ldots\ldots & + & a_{2n}\cdot x_n & = & b_2 \\ \vdots & & \vdots & & \vdots & & \vdots & & \vdots \\ a_{m1}\cdot x_1 & + & a_{m2}\cdot x_2 & + & \ldots\ldots & + & a_{mn}\cdot x_n & = & b_m \end{array}\right\} \Rightarrow Ax = b$$

Bei der Arbeit mit linearen Gleichungssystemen Ax=b treten folgende Fragen auf:

1) Ist Ax=b überhaupt lösbar?

2) Falls Ax=b lösbar ist, wie sieht dann die Lösung aus?

Ax=b hat entweder keine Lösung ($LL = \{\}$) oder genau eine Lösung oder eine unendliche Lösungsmenge.

Ein Verfahren zur Bestimmung aller Lösungen von Ax=b ist der GAUSS´SCHE Algorithmus. Dieser orientiert sich am Additionsverfahren für lineare Gleichungssysteme.

Er besteht aus 2 Teilen.

Teil 1: Ax=b wird mit speziellen Matrizen L_1, L_2,... von links multipliziert, so dass ein zu Ax=b äquivalentes System von einfacher Form entsteht.

Teil 2: Das System von einfacherer Form wird schrittweise nach x_n, x_{n-1},...,x_1 aufgelöst.

Der Teil 1 wird in folgender Tabellenschreibweise realisiert:

x_1	x_2	....	x_n	r.S (rechte Seite)
a_{11}	a_{21}	....	a_{2n}	b_1
a_{21}	a_{22}	....	a_{2n}	b_2
⋮	⋮	....	⋮	⋮
a_{m1}	a^{m2}	....	a_{mn}	b_m

Elemente der Matrix (Spalten x_1 … x_n) Elemente (r.S)

Beispiel in Tabellenschreibweise

x_1	x_2	x_3	r.S	
1	0	-1	-2	$\|\cdot(-1)$ $\|\cdot(-2)$
1	1	-1	0	← + (1. Zeile · (-1))
2	-1	0	0	← + (1. Zeile · (-2))

Der Multiplikator der ersten Reihe muss so gewählt werden, dass die Elemente der daruf folgenden Spalten bei x_1 den Wert Null ergeben.

x_1	x_2	x_3	r.S		
					Rechnung aus erster Tabelle
1	0	-1	-2		(1. Zeile bleibt)
0	1	0	2	$\|\cdot 1$	(2. Zeile + (-1) mal 1. Zeile)
0	-1	2	4	← +	(3. Zeile + (-2) mal 1. Zeile)

Teil 2.

x_1	x_2	x_3	r.S	
1	0	-1	-2	$\Leftrightarrow 1\cdot x_1 + 0\cdot 2 - 1\cdot 3 = -2 \quad \rightarrow \boldsymbol{x_1 = 1}$
0	1	0	2	$\Leftrightarrow 0\cdot x_1 + 1\cdot x_2 + 2\cdot 3 = 2 \quad \rightarrow \boldsymbol{x_2 = 2}$
0	0	2	6	$\Leftrightarrow 0\cdot x_1 + 0\cdot x_2 + 2\cdot x_3 = 6 \quad \rightarrow \boldsymbol{x_3 = 3}$

LL={1 I 2 I 3} Lösungsmenge

Unterhalb der Hauptdiagonalen stehen nur noch Nullen.

→Ende Teil 1 ist erreicht!

Im Teil zwei wird die unterste Gleichung gelöst und schrittweise in die darüber liegende Gleichung eingesetzt.

Als Kontrolle kann man die ermittelten Werte einsetzen.

x_1	x_2	x_3	r.S	Kontrolle
1*1	0*2	-1*3	-2	$\Leftrightarrow 1 - 3 = -2 \quad \rightarrow -2 = -2$
0	1	0	2	
0	0	2	6	

Allgemein: Ein Zeilentausch (d.h. ein Tausch von Gleichungen) ist sinnvoll, wenn andere Zeilen (Gleichungen) besser für die weitere Rechnung geeignet sind. Der Zeilentausch wird notwendig, wenn die entsprechende Variable nicht in der Gleichung explizit (d.h. ausdrücklich) auftritt.

Prinzipiell ist auch der Spaltentausch möglich (dann aber auch Tausch der Variable in der Kopfzeile z.B. x_3).

Besonderheiten:

Aus der letzten Gleichung kann man die Variable nicht eindeutig bestimmen. Diese Gleichung lautet 0=0, d.h. sie führt nicht zum Widerspruch. Es entsteht aus dieser Variablen ein Parameter z.B. x_3=t.

Aufgaben zum Gauss'schen Algorithmus

Man löse:

a)

$$
\begin{aligned}
-3x_1 \quad -7x_2 \quad -7x_3 &= -21 \\
2x_1 + 29x_2 + 10x_3 &= 49 \\
1x_1 + 3x_2 + 4x_3 &= 11
\end{aligned}
$$

b)

$$
\begin{aligned}
-3x_1 - 4x_2 + 16x_3 - 9x_4 &= 1 \\
x_1 + 2x_2 - 4x_3 + 5x_4 &= 13 \\
2x_1 + 6x_2 - 4x_3 + 16x_4 &= 66 \\
4x_1 + 12x_2 - 8x_3 + 33x_4 &= 136
\end{aligned}
$$

c)

$$
\begin{aligned}
-3x_1 \qquad + 11x_3 &= 6 \\
2x_1 + 7x_2 + 2x_3 &= -11 \\
x_1 + 2x_2 - x_3 &= -4
\end{aligned}
$$

4) Differentialrechnung

Die Differentialrechnung ist ein wichtiges Hilfsmittel bei der Untersuchung von Funktionen.

Definition:

Eine reellwertige Funktion $f = f(x)$ einer reellen Veränderlichen „ x" ist eine (eindeutige) Abbildung einer Teilmenge $\mathbb{D}f$ der reellen Zahlen in die Menge der reellen Zahlen $\mathbb{R}$.

$\mathbb{D}f(= \mathbb{D})$ heißt Definitionsbereich von f.

Bsp.:

$Bsp1)\ f(x) = 3x + 1$ lineare Funktion; $\mathbb{D}f = \mathbb{R}$

$Bsp2)\ f(x) = 4x^2 + 5x - 7$ quadratische Funktion; $\mathbb{D}f = \mathbb{R}$

$Bsp3)\ f(x) = \frac{x+1}{x-2}$ gebrochen rationale Funktion, $\mathbb{D}f = \mathbb{R} \setminus \{2\}$

(Der Nenner $x - 2$ ist für $x = 2$ gleich Null).In dieser Schreibweise muss $x = 2$ ausgeschlossen werden.

Begriffe	Erklärung
Graph von f	Menge aller Punkte $x\|f(x)$ mit $x \in \mathbb{D}f$ in einem rechtwinkligen kartesischen Koordinatensystem.
Wertebereich; $\mathbb{W}f\ von\ f$	$\mathbb{W}f\ von\ f = \{y/y = f(x),\ x \in \mathbb{D}f\}$
Nullstellen von f	- Alle $x_n \in \mathbb{D}f$ mit $f_{(x_n)} = 0$ (keine Punkte) - Schnittpunkte $\mathbb{N}_{(x_n\|o)}$ mit der x-Achse

Zu den Beispielen:

$Bsp\ 1)\ f(x) = 3x + 1$; Graph von f ist die Gerade $y = 3x + 1$; $\mathbb{W}f = \mathbb{R} =]-\infty, \infty[$

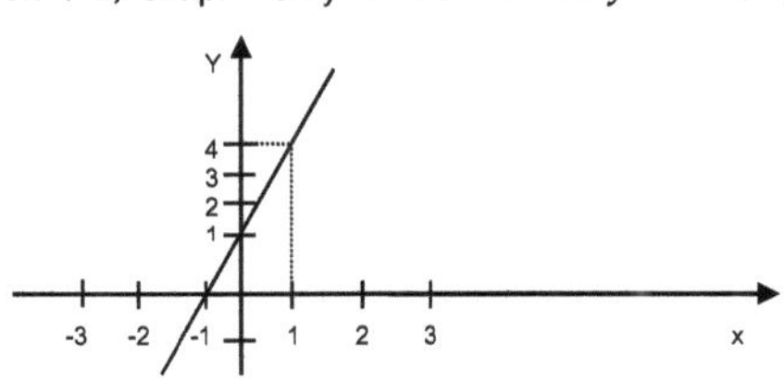

Begründung:

Der Graph stellt eine Gerade mit der Steigung 3 ($\neq 0$) oder $y = 3x + 1 \rightarrow y - 1 = 3x \rightarrow$ $x = \frac{y-1}{3}$ dar.

Zu jedem $y \in \mathbb{R}$ existiert ein $x \in \mathbb{R}$ mit $y = 3x + 1$.

$Bsp\ 2)\ f(x) = 4x^2 + 5x - 7$; Graph von f ist eine Parabel (nach oben geöffnet; gestreckt)

$\mathbb{W}f = \mathbb{R} = [-8\frac{9}{16}, \infty[$

Scheitelpunktform:

$$4x^2 + 5x - 7 = 4\left(x^2 + \frac{5}{4}x - \frac{7}{4}\right) = 4 \cdot \left\{x^2 + \frac{5}{4}x + \left(\frac{5}{8}\right)^2 - \left(\frac{5}{8}\right)^2 - \frac{7}{4}\right\} =$$

$$4 \cdot \left\{\left(x + \frac{5}{8}\right)^2 - \frac{137}{64}\right\} = 4 \cdot \left(x + \frac{5}{8}\right)^2 - \frac{137}{64} \rightarrow S\left(-\frac{5}{8}\middle|-8\frac{9}{16}\right)$$

Andere Bestimmung von $\mathbb{W}f = y = 4x^2 + 5x - 7$ nach x auflösen

$$\rightarrow 4x^2 + 5x - 7 - y = 0 \quad |:4$$

$$\rightarrow x^2 + \frac{5}{4}x - \frac{7}{4} - \frac{y}{4} = 0 \quad \rightarrow p = \frac{5}{4}; q = -\frac{7}{4}$$

$$\boldsymbol{pq - Formel: x_{1/2} = -\frac{p}{2} \pm \sqrt{\left(\frac{p}{2}\right)^2 - q}}\ .$$

$$pq - Formel: x_{1/2} = -\frac{5}{8} \pm \sqrt{\frac{25}{64} + \frac{7}{4} + \frac{y}{4}} \rightarrow x_{1/2} == -\frac{5}{8} \pm \sqrt{\frac{137}{64} + \frac{y}{4}}$$

Als Bedingung für y hätte man $\frac{137}{64} + \frac{y}{4} \geq 0$, damit ein reelles x entsteht.

$$\rightarrow y \geq -4 \cdot \frac{137}{64} = -8\frac{9}{16}$$

$Bsp\ 3)\ f(x) = \frac{x+1}{x-2}$; der Graph von f ist eine Hyperbel

$\mathbb{W}f = \mathbb{R}\{1\} \ = \ ]-\infty; 1\ [\ und\ ]\ 1; \infty[$

$\mathbb{D}f = \mathbb{R}\ \{2\}$, da der Nenner sonst Null wird

Rechnerische Bestimmung von $\mathbb{W}f$: $y = \frac{x+1}{x-2}$ nach x auflösen

$y = \frac{x+1}{x-2}$ $|\cdot(x-2) \rightarrow y \cdot (x-2) = x+1 \rightarrow y \cdot x - 2y = x + 1$ $|+2y$ $|-x$

$\rightarrow y \cdot x - x = 2y + 1 \rightarrow (y-1)x = 2y + 1$ $|:(y-1)$ $für\, y \neq 1$

$$\rightarrow x = \frac{2y+1}{y-1}$$

$$\rightarrow \mathbb{W}f = \mathbb{R}\{1\} =]-\infty; 1[\ und\ ]1; \infty[$$

In der Differentialrechnung werden die Ableitungen einer Funktion bestimmt.

Gegeben: $f = f(x), x_0 = \text{innere Stelle von } \mathbb{D}f, f$ sei differenzierbar im Inneren von $\mathbb{D}f$.

1. Ableitung von f an der Stelle x_0	Ableitungsfunktion f'
$f'_{(x_0)} = \lim\limits_{x \to x_0} \frac{f(x) - f(x_0)}{x - x_0}$	$f'_{(x)} = \lim\limits_{h \to 0} \frac{f(x+h) - f(x)}{h}$

Tabelle mit einfachen Ableitungsregeln

$f(x)$	$f'(x)$
x^n $(ganzzahlig)$	$n \cdot x^{n-1}$
$\sin x$	$\cos x$
$\cos x$	$-\sin x$
$u(x) + v(x)$	$u'(x) + v'(x)$
$c \cdot u(x)$ $(c = konstanter\ Faktor)$	$c \cdot u'(x)$

Bsp.:

1) $\boldsymbol{f(x) = x^3}$, gesucht sind $f'(x)$ und $f''(x)$ sowie $f''(2)$.

$\rightarrow f'(x) = 3x^2 \quad \rightarrow f''(x) = 6x \quad \rightarrow f''(2) = 6 \cdot 2 = 12$

2) $\boldsymbol{f(x) = 4x^2 + 5x - 7}$, gesucht sei $f'(x)$ und $f''(x)$ sowie $f'(-0{,}625)$ und $f''(1)\ und\ f''(-1)$.

$\rightarrow f'(x) = 8x + 5 \quad \rightarrow f''(x) = 8$

$\rightarrow f'(-0{,}625) = 8 \cdot -0{,}625 + 5 = 0$

$\rightarrow f''(1) = 8 \quad f''(-1) = 8 \quad (f''\, ist\ konstant)$

Bei der Berechnung von höheren Ableitungen nutzt man prinzipiell die Ableitungsfunktion.

Definition: Besitzt die Ableitungsfunktion $f' = f'(x)$ im Inneren von $\mathbb{D}_f$ selbst eine Ableitung, so heißt diese Ableitung „Ableitung von f".

Schreibweise:

$$f'' = (f')'$$

Anwendung der Differentialrechnung

Kurvenuntersuchung	Näherungs- und Fehlersuche
- vollständige Kurvendiskussion	- Bestimmung von Nullstellen (Newton- Verfahren)
- Bestimmung von Minima und Maxima	- Bestimmung von Lückenwerten
- Monotonie-Untersuchung	

Ordnung von Nullstellen

Bei rationalen Funktionen lässt sich die Ordnung von Nullstellen aus der Linearfaktorzerlegung ablesen. Im Allgemeinen kann man die Ordnung von Nullstellen mit Hilfe der Ableitung an der Nullstelle bestimmen. Es gilt der

Satz: Es sei $f = f(x)$ an der inneren Stelle $x_0 \in \mathbb{D}f$ n-mal differenzierbar. Wenn $f(x_0) = 0$, $f'(x_0) = 0, \ldots f^{(n-1)}{}_{(x_0)} = 0, aber\ f^{(n)}{}_{(x_0)} \neq 0$ gilt, dann besitzt $f = f(x)$ bei$x = x_0$ eine n-fache Nullstelle.

Bsp.:

$f(x) = -x^3 + 3x^2 - 4$ hat bei $x_0 = 2$ eine Nullstelle, gesucht ist die Ordnung dieser Nullstelle.

$f(x) = -x^3 + 3x^2 - 4 \qquad \rightarrow f(2) = -2^3 + 3 \cdot 2^2 - 4 = 0$

$f'(x) = -3x^2 + 6x \qquad \rightarrow f'(2) = -3 \cdot 2^2 + 6 \cdot 2 = 0$

$f''(x) = -6x + 6 \qquad \rightarrow f''(2) = -6 \cdot 2 + 6 = -6 \rightarrow -6 \neq 0$

f hat bei x=2 eine doppelte Nullstelle

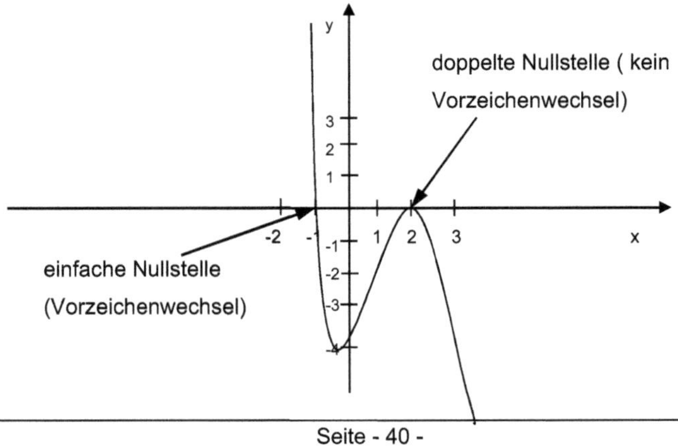

Wertetabelle

x	-4	-3	-2	-1	0	1	2	3	4
$f(x)$	108	50	16	0	-4	-2	0	-4	-20

Bestimmung von nicht-definierten Punkten (auch bekannt unter Lückenwerten)

bei $f(x) = \frac{Z(x)}{N(x)}$ $\quad Z(x) = Zähler;\ N(x) = Nenner$

Definition:

Die Funktion $f(x) = \frac{Z(x)}{N(x)}$ hat bei $x = x_0$ einen nicht definierten Punkt, wenn $Z(x_0) = 0$ und $N(x_0) = 0$ gelten, sowie die Ordnung der Nullstelle x_0 bei Z nicht kleiner als die Ordnung der Nullstelle $x_0$bei N ist.

Bsp.:

$$f(x) = \frac{x-4}{x^2-6x+8};\ \mathbb{D}f = \mathbb{R}\{2,4\}$$

$Z(x) = x - 4$ verschwindet auch für $x = 4$. Die Ordnung dieser Nullstelle ist 1.

$N(x) = x^2 - 6x + 8\ ;\ N'(x) = 2x - 6 \quad \rightarrow N(4) = 16 - 24 + 8 = 0$

$N'(x) = 2 \cdot 4 - 6 = 2 \ \rightarrow einfache\ Nullstelle$

$Z'(x) = x \ \rightarrow Z'(x) = 1$

$$\frac{Z'(4)}{N'(4)} = \frac{1}{2}$$

$f(x) = \frac{x-4}{x^2-6x+8}$ hat bei $x = 4$ eine Lücke $(bei\ Z(Zähler)\ und\ N\ (Nenner))$ und 4 ist eine einfache Nullstell mit dem Lückenwert $\frac{1}{2}$.

Wertetabelle:

				$\notin \mathbb{D}f$		
x	2,5	3	3,5	4	4,5	5
$f(x)$	2	1	$\frac{2}{3}$	$\frac{1}{2}$	$\frac{2}{5}$	$\frac{1}{3}$

Zeichnung

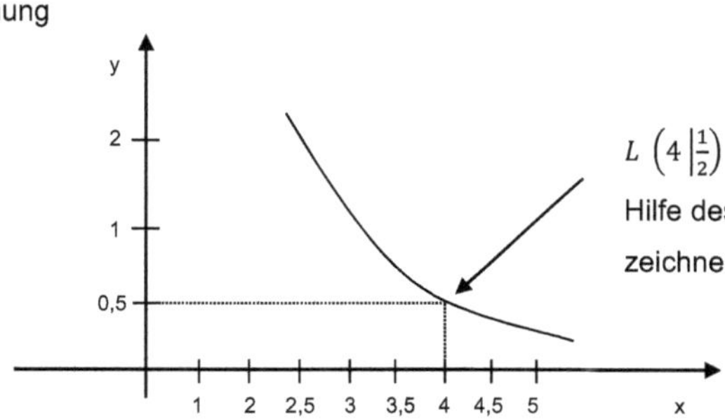

$L\left(4\middle|\frac{1}{2}\right)$ Der Graph lässt sich mit Hilfe des Lückenwertes besser zeichnen

Im Falle einer einfachen Nullstelle x_0 von $N = N(x)$ gilt der

Satz:

Es seien $Z = Z(x)\ und\ N = N(x)$ zwei an der Stelle x_0 differenzierbare Funktionen mit $Z(x_0) = 0\ und\ N(x_0) = 0$ sowie $N'(x_0) \neq 0$. Dann hat $f(x) = \frac{Z(x)}{N(x)}$ bei $x = x_0$ eine Lücke (d.h. eine stetig behebbare Lücke) mit dem Lückenwert $\frac{Z'(x)}{N'(x)}$.

Monotonie

Definition:

Eine Funktion $f = f(x)$ heißt in einem Intervall $\mathbb{I}$ monoton steigend, wenn für alle $x_1, x_2 \in \mathbb{I}$ aus $x_2 > x_1$ immer $f(x_2) \geq f(x_1)$ folgt.

Satz: Es sei $f = f(x)$ im Inneren von $\mathbb{I}$ differenzierbar, dann gilt $f'(x) \geq 0 \Leftrightarrow f = f(x)$ ist monoton steigend im Inneren von $\mathbb{I}$.

Bsp.:

$f = f(x) = x^3\ ,\ \mathbb{I} = \mathbb{R}$

$f'(x) = 3x^2 \geq 0 \Rightarrow f(x) = x^3\ ist\ monoton\ steigend$

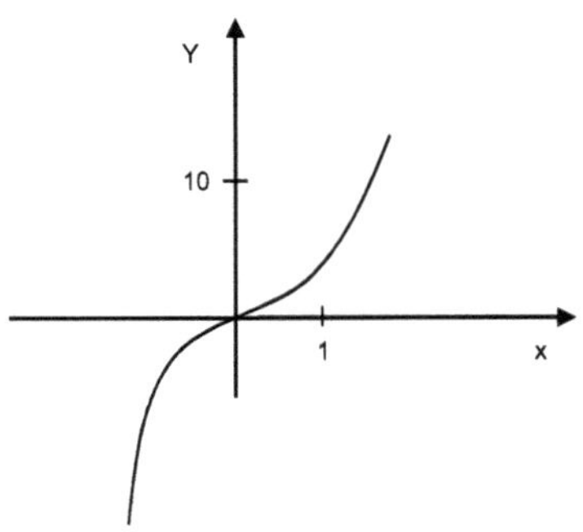

Analoges gilt für die monoton fallenden Funktionen.

Extrem- und Wendepunkte

	notwendige Bedingung	hinreichende Bedingung
Extremstellen x_E	$f'(x_E) = 0$	$f''(x_E) > 0 \rightarrow TP(Tiefpunkt)\ (x_E/f(x_E)$ $f''(x_E) < 0 \rightarrow HP(Hochpunkt)\ (x_E/f(x_E)$
Wendestelle x_W	$f''(x_W) = 0$	$f'''(x_W) \neq 0 \rightarrow WP(Wendepunkt)\ (x_W/f(x_W)$

Bemerkung:

- Mit Hilfe der notwendigen Bedingung werden Verdachtsstellen bestimmt.
- Mit Hilfe der Hinreichenden Bedingung überprüft man diese Verdachtsstellen, ob ein HP, TP oder WP vorliegt.
- Ein Punkt $(x_s/f(x_s))$ mit $f'(x_s) = 0,\ f''(x_s) = 0$ und $f'''(x_s) \neq 0$ ist ein spezieller Wendepunkt und heißt Sattelpunkt.

TP (Tiefpunkt)	HP (Hochpunkt)
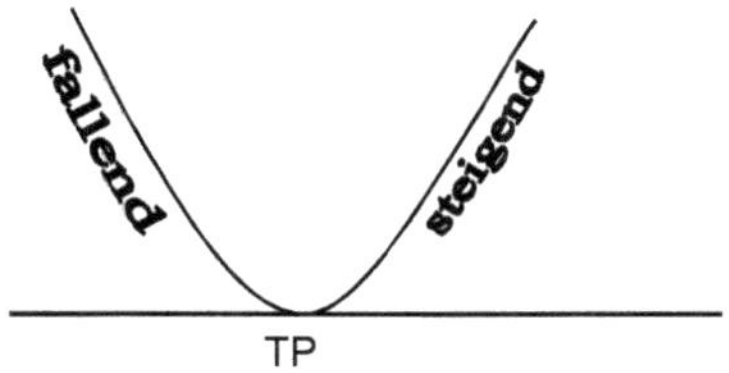	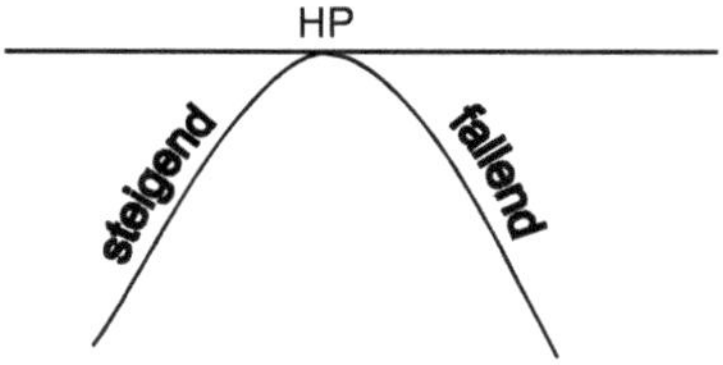

Charakteristisch ist der Wechsel des Monotonieverhaltens bei Wendepunkten.

WP(Wendepunkt)	
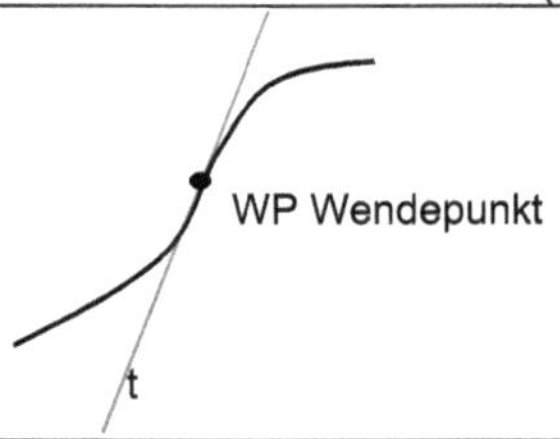	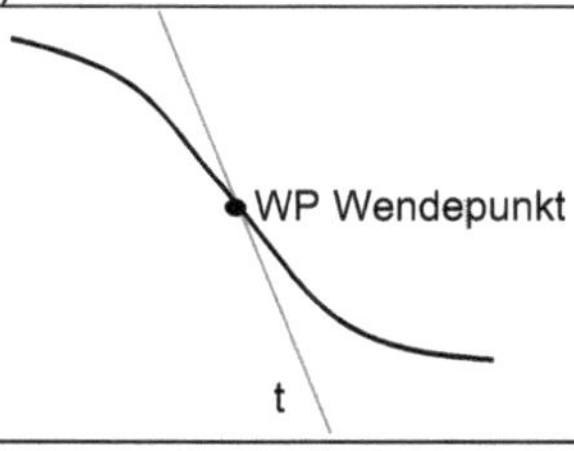
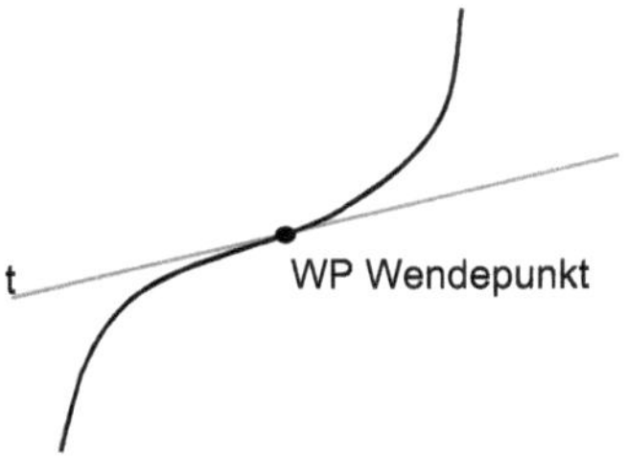	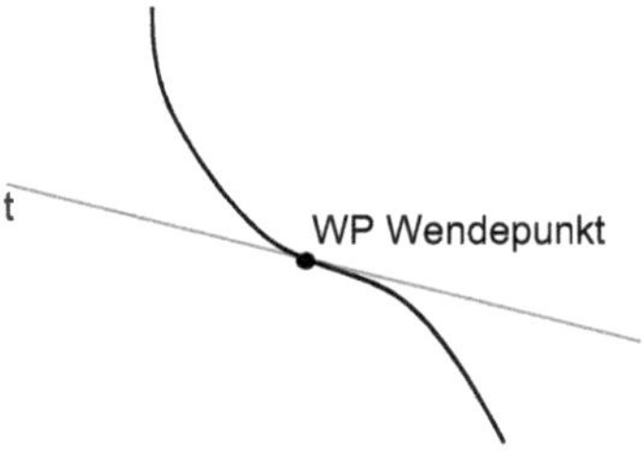

(mit t : Tangente an den Graphen)

Bsp.:

Man bestimme die Extrem- und Wendepunkte für $f(x) = x^4 - 8x^3 + 22x^2 - 24x + 10$.

Lösung:

$f(x) = x^4 - 8x^3 + 22x^2 - 24x + 10$

$f'(x) = 4x^3 - 24x^2 + 44x - 24$

$f''(x) = 12x^2 - 48x + 44$

$f'''(x) = 24x - 48$

Extremwertberechnung:

Notwendige Bedingung für Extrempunkte ist $f'(x_E) = 0$

$\rightarrow f'(x) = 0: \quad f'^{(x)} = 4x^3 - 24x^2 + 44x - 24 = 0 \quad |:4$

$\rightarrow x^3 - 6x^2 + 11x - 6 = 0$

bei $x_{01} = 2$ ist $f'(x) = 0$, somit ist bei $x_{01} = 2$ ein Extremwert.

$\rightarrow x^3 - 6x^2 + 11x - 6 \quad \rightarrow \mathit{Hornerschema\ mit\ Startwert} = 2$

x^3	$-6x^2$	$+11x$	-6
1	-6	11	-6
↓	$+$	$+$	$+$
	$1 \cdot 2$	$-4 \cdot 2$	$3 \cdot 2$
1 ↗	-4 ↗	3 ↗	0

$\rightarrow x^2 - 4x + 3 \quad \rightarrow \quad p = (-4) \qquad q = 3$

$\rightarrow x_{02/3} = 2 \pm \sqrt{4-3} = 2 \pm \sqrt{1} = 2 \pm 1 \quad \rightarrow x_{02} = 3;\ x_{03} = 1 \ \widehat{=}\ \mathit{weitere\ Extremwerte}$

$\rightarrow$ Hinreichende Bedingung für Extremwerte ist $f''(x_E) > 0 \rightarrow TP;\ f''(x_E) < 0 \rightarrow HP$

$f''(x) = 12x^2 - 48x + 44$

$x_{01} = 2 \rightarrow f''(2) = (-4)\ HP$	$x_{02} = 3 \rightarrow f''(3) = 8\ TP$	$x_{03} = 1 \rightarrow f''(1) = 8\ TP$
↓	↓	↓
$f(2) = 2$	$f(3) = 1$	$f(1) = 1$
daraus folgt: $HP(2\ I\ 2)$	daraus folgt: $TP(3\ I\ 1)$	daraus folgt: $TP(1\ I\ 1)$

Notwendige Bedingung einer Wendestelle: $f''(x_W) = 0$

$f''^{(x)} = 12x^2 - 48x + 44 = 0 \quad |:12 \rightarrow \ x^2 - 4x^2 + \frac{44}{12} \quad \rightarrow p = (-4); q = \frac{44}{12} = \frac{11}{3}$

$\rightarrow x_{w1} = 2 - \sqrt{\frac{1}{3}}\ ; \quad x_{w1} = 2 + \sqrt{\frac{1}{3}}$

Hinreichende Bedingung für die Wendestelle: $f'''(x_W) \neq 0$

$f'''^{(x)} = 24x - 48 \rightarrow 24 \cdot \left(2 \pm \sqrt{\frac{1}{3}}\right) - 48 = \pm 13{,}856 \ldots . \neq 0$

d.h. es handelt sich um eine Wendestelle.

Zur Bestimmung der Koordinaten des Wendepunktes wird x_{w1} $sowie$ x_{w2} jeweils in $f(x)$ eingesetzt.

$\rightarrow f(x_{w1}) = \frac{13}{9};\ f(x_{w2}) = \frac{13}{9}$

$\rightarrow Wp_1 = \left(2 + \sqrt{1/3}\right) / \frac{13}{9}; und\ \ Wp_2 = \left(2 - \sqrt{1/3}\right) / \frac{13}{9}$

Das Newton- Verfahren zur Bestimmung von Näherungswerten für Nullstellen

Bsp.:

Es soll die Gleichung $x^3 - 10x + 9{,}1 = 0$ gelöst werden. Es sei $f(x) = x^3 - 10x + 9{,}1$, dann hat man:

x	-1	0	1	2
$f(x)$	$18{,}1$	$9{,}1$	$0{,}1$	$-2{,}9$

Vorzeichenwechsel

Eine Nullstelle von $f(x)$ liegt zwischen 1 und 2.

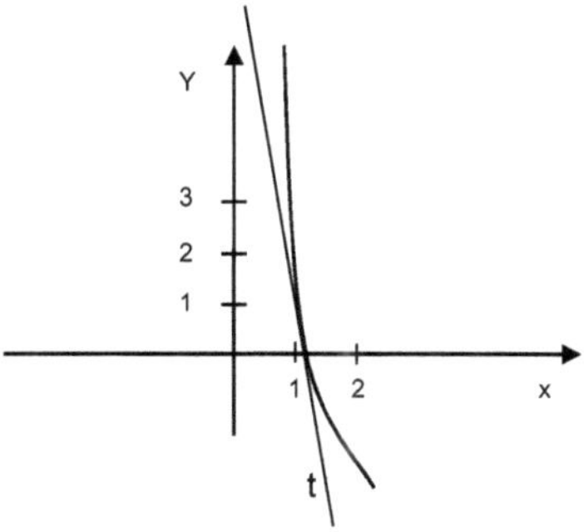

Sei t die Tangente an dem Graph von f, dann stimmen t und der Graph bei $x \approx 1$ relativ gut überein. Schnittstelle mit der x-Achse von t ≈ Nullstelle von f.

Die Schnittstelle mit der x- Achse lässt sich einfach bestimmen. Zu t gehört die Tangentenfunktion $l = l(x)$

$l(x) = f(x) + f'(1) \cdot (x - 1);\ f'(x) = 3x^2 - 10\ ; f'(1) = (-7)$

$l(x) = 0{,}1 + (-7) \cdot (x - 1) = 0\ \ \rightarrow\ \ -7(x - 1) = (-0{,}1);\ \ \rightarrow x = 1 + \frac{0{,}1}{7} \approx 1{,}014$

Man kann $1 + \frac{0{,}1}{7} = 1 + \frac{1}{70}$ als bessere Näherung für die Nullstelle als x=1 auffassen. Ein Kriterium dafür könnte sein, dass $\left|1 + \frac{1}{70}\right|$ klein ist.

Nullstellenberechnung mit dem **Hornerschema** (Startwert $1\frac{1}{70}$):

x^3	$0x^2$	$-10x$	$+9{,}1$
1	0	10	$9{,}1$
	$+$	$+$	$+$
	$1\cdot 1\frac{1}{70}$	$1\frac{1}{70}\cdot 1\frac{1}{70}$	$-8\frac{4759}{4900}\cdot 1\frac{1}{70}$
1	$1\frac{1}{70}$	$-8\frac{4759}{4900}$	$\frac{211}{343}\approx 0{,}0005151603$ (klein genug)

$x_1 \approx 1{,}014\ (\left(\frac{71}{70}\right)\ gerundet\ auf\ 3\ Stellen)$; x_2 und x_3 erfüllen ungefähr

$x^2 + 1\frac{1}{70}\cdot x - 8\frac{4759}{4900} = 0$

pq- Formel: $p = 1\frac{1}{70};\ \ q = -8\frac{4759}{4900}\quad \rightarrow x_2 = 2{,}531;\ \ x_3 = -3{,}545$

Für viele praktische Rechnungen reicht diese Genauigkeit aus. Für eine höhere Genauigkeit müsste man dieses Verfahren verallgemeinern:

- Tangentenfunktion für die Stelle $1\frac{1}{70}$ aufstellen und die Schnittstelle(n) berechnen.
- Wiederholen dieser Rechnung, bis die Genauigkeit erreicht ist.

Allgemeine Berechnung der Nullstelle x_N der Tangentenfunktion $(x_0|f(x_0))$

$$l(x) = f(x_0) + f'^{(x_0)}\cdot(x - x_0)$$

$$x = x_N \qquad 0 = f(x_0) + f'^{(x_0)}\cdot(x - x_0) \qquad |-f(x_0)$$

$$-f(x_0) = f'^{(x_0)}\cdot(x - x_0) \qquad |: f'(x_0)$$

$$\frac{-f(x_0)}{f'(x_0)} = x_N - x_0 \qquad |+x_0$$

$$\rightarrow x_N = x_0 - \frac{-f(x_0)}{f'(x_0)}$$

$$bzw.\quad Neues\ x_{\square} = x - \frac{-f(x_0)}{f'(x_0)}$$

Formel Newton- Verfahren

Die Grundidee des Newton- Verfahrens ist die Berechnung des neues x- Wertes nach obiger Formel und der Verbesserung dieses Wertes (falls die Genauigkeit noch nicht reicht) durch das Einsetzen des neuen x- Wertes für x in die obige Formel. Will man die obige Formel mit Hilfe von indizierten Größen schreiben, so ist $x_0 = x^{(0)}, x^{(1)}, x^{(2)}, \ldots$ günstiger als die normale Indizierung $x_1, x_2, \ldots \ldots$, die für die verschiedenen Lösungen benutzt wird.

Algorithmische Formulierung des Newton- Verfahrens

1) Wahl eines Startwertes $x_0 = x^{(0)}$

2) Verbesserung der Näherung : $x^{(1)} = x^{(0)} - \frac{-f(x_0)}{f'(x_0)}$; $x^{(2)} = x^{(1)} - \frac{-f(x_0)}{f'(x_0)}$ u.s.w.

3) Abbruch: Ist $x^{(k)}$ genügend gut, so kann bei $x = x^{(k)}$ die Verbesserung berechnet werden.

Mögliche Abbruchbedingungen:

- Die Änderung von $x^{(k-1)}$ zu x^k ist klein, z.B. auf dem Taschenrechner ist keine Änderung der Anzeige ersichtlich.
- Der Betrag von $f(x^{(k)})$ ist genügend klein
- Abbruch bei ergebnisloser Rechnung nach einer bestimmten Anzahl von Schritten.

Newton- Verfahren	
Stärken	Schwächen
- bei einem Startwert der nahe bei der gesuchten Nullstelle liegt, schnelle Konvergenz - selbstkorrigierendes Verfahren	- kann je nach Startwert zu vielen Iterationsschritten führen - Bei $f'(x^{(k)}) \approx 0$ ist die Rechnung mit dem Newton- Verfahren nicht empfehlenswert.

Bsp.:

$x^3 - 10x + 9{,}1 = 0$

$neues\ x \quad = x - \frac{x^3-10x+9{,}1}{3x^2-10}$

$$x = 1\frac{1}{70} = x^{(1)} = neues\ x = x^{(2)} = 1\frac{1}{70} - \frac{\left(1\frac{1}{70}\right)^3 - 10\cdot\left(1\frac{1}{70}\right) + 9{,}1}{3\cdot\left(1\frac{1}{70}\right)^2 - 10} \rightarrow x^2 \approx 1{,}014374692$$

Verwendet man $x^{(1)} = 1{,}014$, so ergibt sich $x^{(2)} \approx 1{,}014374633$ (kaum ein Unterschied zur obigen Rechnung)

Eingabe des Newton- Verfahrens in den Taschenrechner (ANS- Funktion):

z.B.: Startwert sei (2); (stellt ANS)

TR- Eingabe: 2 Enter; $\rightarrow ANS - (ANS^3 - 10\cdot ANS + 9{,}1)/(3\cdot ANS^2 - 10)$

In diesem Beispiel wird nach 3 Iterationen (d.h. schrittweisen Annäherungen an die Lösung) schon das Ergebnis von x_2 mit $2{,}53062156404$ ausgegeben, der errechnete Wert zuvor lautete $x_2 = 2{,}531$.

Vorgehensweise bei einer Kurvendiskussion

1) $f(x), f'(x), f''(x), f'''(x)$ bilden

2) Nullstellen ermitteln → $f(x) = 0$, d.h. die Gleichung Nullsetzen
   Koordinaten der Nullstelle: $N(x_o|0)$

3) Extremwerte ermitteln → $f'(x) = 0$, d.h. Nullsetzen → notwendige Bedingung
   - x_E in $f''(x)$ einsetzen → Ermittlung, ob Minimum oder Maximum
     - $f''(x_E) > 0$ *Minimum*
     - $f''(x_E) < 0$ *Maximum*

     } Hinreichende Bedingung
   - x_E in $f(x)$ einsetzen → Ermittlung der Koordinaten der Extremstellen
     Koordinaten der Extremwerte:
     TP $(x_E|f(x_E))$; HP$(x_E|f(x_E))$; Wert der Funktion $f(x)$ an der Stelle x_E

4) Wendepunkte ermitteln → $f''(x) = 0$, notwendige Bedingung
   - x_W in $f(x)$ einsetzen → Koordinaten des Wendepunktes $WP(x_W|f(x_W))$
   - x_W in $f'''(x)$ einsetzen
     $f'''(x_W) \neq 0$ hinreichende Bedingung

Aufgaben Differentialrechnung

1) Man bestimme die Extrempunkte für $f(x) = x + \frac{1}{x} + \frac{3}{x^2} = x + x^{-1} + 3x^{-2}$ $\mathbb{D}f = \mathbb{R}$.
2) Man bestimme die Wendepunkte von $f(x) = 0{,}3x^5 - x^3 + 3x$.
3) Man bestimme die Nullstellen, Extrempunkte und Wendepunkte von $f(x) = x^4 + 2x^3 - 12x^2 + 14x - 5$.
4) Man bestimme die Nullstellen von $f(x) = x^3 - 15x^2 + 72x - 108$.

5) Preiselastizität

Die Preiselastizität ist ein Maß dafür, welche relative Änderung sich bei der Angebots- bzw. Nachfragemenge ergibt, wenn eine relative Preisänderung eintritt.
Grundsätzlich lassen sich bei den Elastizitäten die Beeinflussung der Nachfrage- und der Angebotsmenge unterscheiden. Es gibt folgende Unterscheidungen:

- Preiselastizität der Nachfrage
- Preiselastizität des Angebots
- Kreuzpreiselastizität der Nachfrage
- Kreuzpreiselastizität des Angebotes

Die Preiselastizität ist definiert als relative Mengenänderung dividiert durch relative Preisänderung.

Im Folgenden sollen die möglichen Elastizitäten dargestellt werden[1].
Die Beispiele behandeln, sofern nicht anders beschrieben, stets die Auswirkungen einer Preisänderung auf die Nachfragemenge. Für gewöhnlich ist beim Elastizitätskoeffizienten ein negatives Vorzeichen zu beobachten, da immer genau ein Dividend negativ ist. So bewirkt eine Preissenkung für gewöhnlich eine Zunahme des Absatzes, wobei eine Preissteigerung einen Absatzrückgang zur Folge hat.

vollkommen elastisch

Erklärung: Eine minimale Preisänderung bewirkt eine unendliche Mengenänderung. Die vollkommene Elastizität ist nur modellhaft zu betrachten, sie wird in der realen Wirtschaft nicht anzutreffen sein.

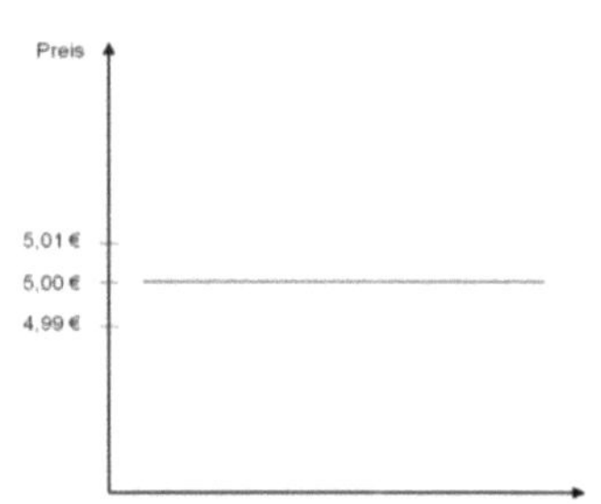

[1] http://de.wikipedia.org/w/index.php?title=Datei:Vollkommen_elastisch .png&filetimestamp=20090403200917

sehr elastisch (Darstellung: $E_N = -\infty$)

Beispiel: Eine 5-Euro-Banknote würde zu einem Preis von 5,01 Euro keine Nachfrager finden. Kostet die Banknote hingegen genau 5,00 Euro, ist die nachgefragte Menge beliebig groß. Die Nachfrager kaufen die Banknote tatsächlich nur dann, wenn sie benötigt wird. Bei einem Preis von 4,99 Euro ist sie sogar unendlich groß, da jetzt jeder Nachfrager versuchen wird, diese Banknote zu erstehen.

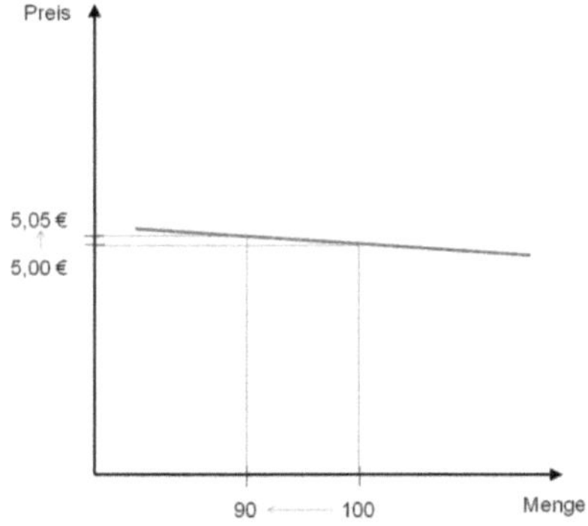

Abb.: sehr elastisch

proportional elastisch (Darstellung: $E_N < -1$)

Erklärung: Eine Preisänderung bewirkt eine überproportionale Mengenänderung.

Beispiel: Eine starke Reaktion der Nachfrage auf Preisveränderungen zeigt sich beispielsweise bei guten Substituten wie etwa Nägel einer bestimmten Sorte. Wird der Preis erhöht, wechseln möglicherweise fast alle Kunden zur Konkurrenz, wird der Preis verringert, wechseln die Kunden wieder zurück.

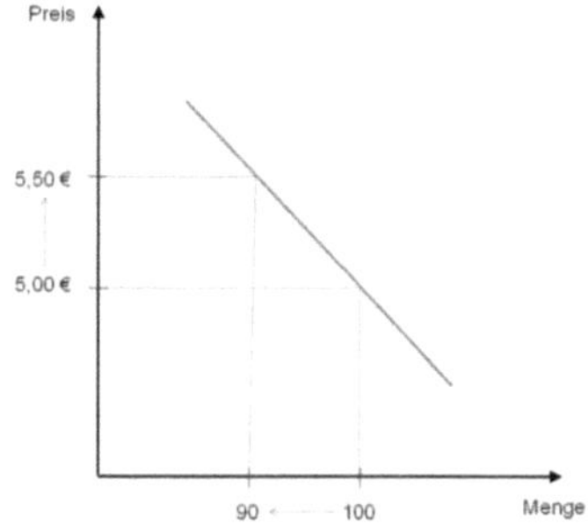

Abb.: proportional elastisch

unelastisch (Darstellung: $E_N = -1$)

Erklärung: Eine 1%ige Preisänderung bewirkt eine 1%ige Mengenänderung.

Beispiel: Der Fall der Einheitselastizität ist nicht zu verwechseln mit dem der *iso-elasticity*. Im ersten Fall ist die Elastizität an einem Punkt der Nachfrage gleich eins. Im zweiten Fall ist die Preiselastizität der Nachfrage konstant, d.h. für jeden Preis gleich groß.

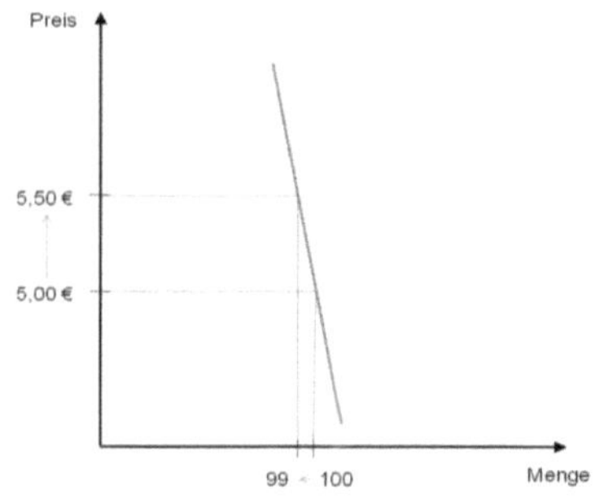

Abb.: unelastisch

vollkommen unelastisch (Darstellung: $-1 < E_N < 0$)

Erklärung: Eine Preisänderung bewirkt eine unterproportionale Mengenänderung.

Beispiel: Eine schwache Reaktion der Nachfrage auf Preisveränderungen zeigt sich besonders bei lebensnotwendigen Wirtschaftsgütern wie Nahrungsmittel, die schlecht substituiert werden können. Weitere Gründe sind die mangelnde Wahrnehmung der Preisänderung und den Aufwand nach der Suche von Substituten.

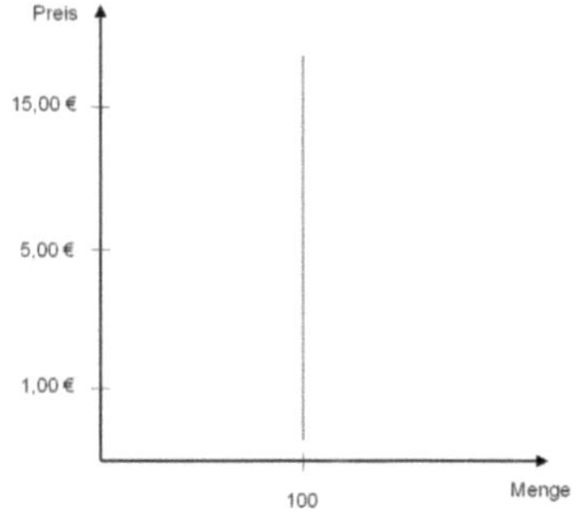

Abb.: vollkommen unelastisch

isoelastisch (Darstellung: $E_N = 1$)

Erklärung: Die Nachfrage nennt man *isoelastisch*, wenn die Elastizität in jedem Punkt 1 beträgt. Dieser Fall liegt vor, wenn sich durch eine Preisänderung die nachgefragte Menge genau in dem Umfang ändert, dass das Produkt aus Menge und Preis (der Umsatz) konstant bleibt.

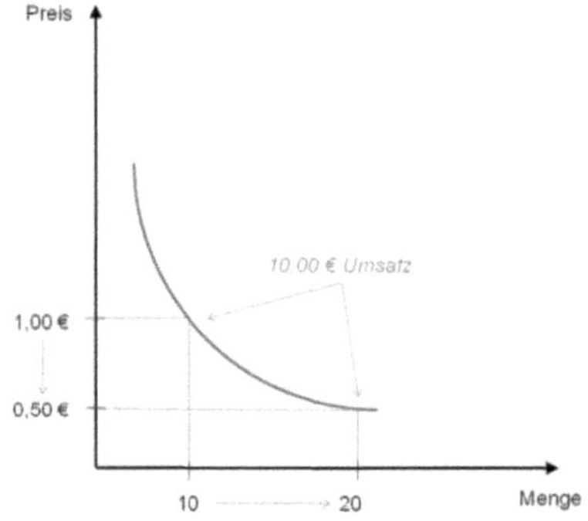

Abb.: isoelastisch

Beispiele :

Von einer Menge M1 zum Preis von P1 wird eine bestimmte Nachfrage gestellt.
Wird der Preis auf P2 geändert und die Menge auf M2 geändert, ermittelt sich die Preiselastizität der Nachfrage E_N aus dem Verhältnis der prozentuellen Veränderung der nachgefragten Menge zur prozentuellen Veränderung des Preises. Wichtig zu wissen ist, dass negative Vorzeichen beim Ergebnis vorkommen können, z.B. bei einer Preissenkung.

Rechenbeispiel:

Bsp. 1)

Von einer Ware (M1) werden 1000 Stück zu einem Preis (P1) von 10 Euro nachgefragt. Bei einer Preissenkung um einen Euro auf den Preis (P2) = 9 Euro wird die Menge von (M2)= 1100 Stück nachgefragt. Man kann die Preiselastizität nun wie folgt berechnen.

$$E_N = \frac{\frac{M_2 - M_1}{M_1}}{\frac{P_2 - P_1}{P_1}} = \frac{\frac{1100 - 1000}{1000}}{\frac{9 - 10}{10}} = 1$$

In diesem Fall ist die Preiselastizität der Nachfrage bei 1. Der Wert liegt in der Mitte zwischen einer elastischen und einer unelastischen Nachfrage.

Bsp.2)

Von einer Ware (M1) werden 500 Stück zu einem Preis (P1) von 20 Euro nachgefragt. Bei einer Preissenkung um einen Euro auf den neuen Preis (P2) der damit bei 9 Euro liegt, werden bei der Menge (M2) = 600 Stück nachgefragt.

$$E_N = \frac{\frac{M_2 - M_1}{M_1}}{\frac{P_2 - P_1}{P_1}} = \frac{\frac{600 - 500}{500}}{\frac{19 - 20}{20}} = 4 \rightarrow Die\ Nachfrage\ ist\ auf\ den\ Preis\ elastisch$$

Wäre die Nachfrage „unendlich“, wäre auch die Preiselastizität der Nachfrage unendlich, es läge also eine „vollkommene elastische Nachfrage“ vor. Es handelt sich in diesem Fall um eine Preiselastizität der Nachfrage von unendlich. (siehe Abbildung vollkommen elastisch)

Wäre die Nachfrage gleich geblieben, wäre die Preiselastizität der Nachfrage gleich Null, d.h. eine „vollkommen unelastische Nachfrage“. (siehe Abbildung vollkommen unelastisch)

Problem bei der Berechnungsmethode:

Offen ist die Frage, welcher Wert als Basis für die Berechnung der prozentualen Veränderung verwendet werden soll. Die Ausgangsmenge M1 oder der Ausgangspreis P1, die neue nachgefragte Menge M2 oder der neue Preis M2.

Eine verbesserte Genauigkeit kann erzielt werden, wenn man die prozentuale Veränderung auf das arithmetische Mittel zwischen M2 und M1 bzw. P2 und P1 bezieht.

Formel:

$$E_N = \frac{\frac{1111 - 1000}{\frac{2111}{2}}}{\frac{9 - 10}{\frac{19}{2}}} = \frac{\frac{111}{1055{,}5}}{\frac{1}{9{,}5}} = \frac{10{,}5\%}{10{,}5\%} = 1$$

In diesem Beispiel ist die Preiselastizität der Nachfrage mit einer für die Praxis hinlänglich genauen Methode ermittel worden.

Folge: Bei einer Preiselastizität von 1 ist der Umsatz (= Menge x Preis) vor und nach der Preisänderung gleich.

Im Falle einer Preissenkung bei einer elastischen Nachfrage ($E_N > 1$) ist die Mengenänderung prozentual größer als die Preissenkung. Folge ist, dass der Umsatz zunimmt. Bei einer Preissenkung bei unelastischer Nachfrage ($E_N < 1$) nimmt der Umsatz ab.

Voraussetzung hierfür ist, dass sich das Angebot entsprechend anpasst, d.h. sich die Angebotskurve zu einem neuen Gleichgewicht verlagert.

6) **Lösungen**

Lösungen Mengenlehre

Aufgabe 1)

a) $= \emptyset$

b) $= \{0\}$

c) $= \emptyset$

Aufgabe 2)

a) $= \{3, 4, 5, 6, 7, 8, 9\}$

b) $= \{1, 3, 5, 7, 9\}$

c) $= \{0, 4, 8\}$

Aufgabe 3)

a) A = B

b) $C \subset A \, und \, C \subset B$

Aufgabe 4)

Die Darstellung in Klammerschreibweise $= C = \{2, 3, 5, 7\}$

a) $ist\ demnach\ A \cup B = \{1, 2, 3, 4, 5, 6, 7, 8\}$

b) $ist\ demnach\ A \cup C = \{1, 2, 3, 5, 7\}$

c) $ist\ demnach\ A \cap B = \{\quad\}\ leere\ Menge$

d) $ist\ demnach\ A \cap C = \{3, 5, 7\}$

Lösungen Summen und Produkte

a) = 53 Rechenschritte $(1 \cdot 3 + 3 \cdot 5 + 5 \cdot 7)$

b) = 5050 Rechenschritte $\frac{100 \cdot 101}{2}$

c) = 4608 Rechenschritte $\left((2 \cdot 2^2) \cdot (2 \cdot 3^2) \cdot (2 \cdot 4^2)\right) = (8 \cdot 18 \cdot 32)$

Lösungen arithmetische Zahlenfolge

Aufgabe1)

a) $a_1 = 2; \ d = 3$

b) $a_1 = -6; \ d = -3$

c) $1. Lösung: a_1 = 6; \ d = 3 \ sowie \ 2. Lösung \ a_1 = 20; \ d = -4$

Lösungen geometrische Folge

Aufgabe 1)

a) $q = -0{,}5$

b) $n = 11 \, (Hinweis: hier\ muss\ logarithmiert\ werden\ \rightarrow 2048 = 2^n \quad |\log_2 2048)$

Lösung zum Gauss'schen Algorithmus

a) LL={(0 I 1 I 2)}

b) LL={(-23+8t I 8-2t I t I 4)} $t \in \mathbb{R}$

c) LL={(-2+$\frac{11}{3}$t I -1-$\frac{4}{3}$t I t)} $t \in \mathbb{R}$

Lösung zur Differentialrechnung

1) $TP(2 \,|\, \frac{13}{4})$

2) $WP_1(0|0)$; $WP_2(1|2{,}3)$; $WP_3(-1|-2{,}3)$

3) $x_{E_1} = 1$; $x_{E_2} = 1$; $x_{E_3} = -3{,}5$; $TP(-3{,}5|-137)$; $WP(-2|-81)$;
$N(-5|0)$ *einfache Nullstelle*; $N(1|0)$*doppelte Nullstelle*; $SP(1|0)$

4) $N(3|0)$ *einfache Nullstelle*; $N(6|0)$ *doppelte Nullstelle*

Quellenverzeichnis:

http://de.wikipedia.org/w/index.php?title=Datei:Vollkommen_elastisch.png&filetimestamp=20090403200917